ベランダで手軽にはじめられる！

はじめてのコンテナ野菜づくり図鑑

北条 雅章

90種

もくじ

Part 3 春に栽培する 実もの・根もの野菜

Part 4 秋に栽培する 葉もの野菜

Part 5 秋に栽培する根もの野菜

さくいん

本書の見方

難易度
やさしい、ふつう、むずかしいの3段階で表します。作業が少なく、収穫期間が短いものほどやさしく、作業が多く手間がかかるもの、収穫期間が長いものほどむずかしくなります。

野菜名
一般的に使われる野菜名や通名、流通名、品種名などを表記。(　)内には別名や栽培している品種名、タイプなどを記します。

科名
植物分類学上の科名です。従来の新エングラー体系のほか、(　)内にAGPⅢの科名も表記しました。

ポイント
栽培前に知っておきたい、その野菜のポイントをまとめています。

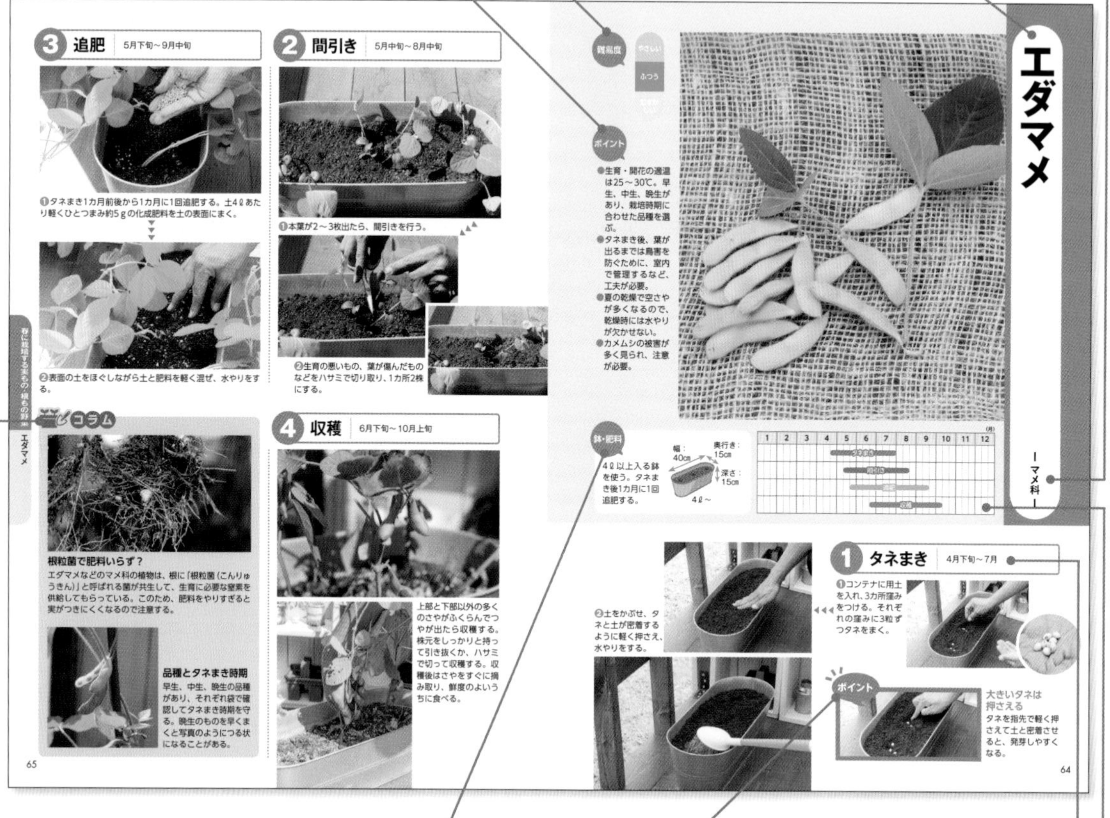
エダマメ
ーマメ科ー
難易度　やさしい　ふつう
ポイント
●生育・開花の適温は25～30℃。早生、中生、晩生があり、栽培時期に合わせた品種を選ぶ。
●タネまき後、葉が出るまでは鳥害を防ぐために、室内で管理するなど、工夫が必要。
●夏の乾燥で空さやが多くなるので、乾燥時には水やりが欠かせない。
●カメムシの被害が多く見られ、注意が必要。
鉢・肥料
4ℓ以上入る鉢を使う。タネまき後1カ月に1回追肥する。
幅：40cm　奥行き：15cm　深さ：15cm　4ℓ～
(月) 1 2 3 4 5 6 7 8 9 10 11 12
1 タネまき　4月下旬～7月
❶コンテナに用土を入れ、3カ所窪みをつける。それぞれの窪みに3粒ずつタネをまく。
❷土をかぶせ、タネと土が密着するように軽く押さえ、水やりをする。
ポイント
大きいタネは押さえる
タネを指先で軽く押さえて土と密着させると、発芽しやすくなる。
64
2 間引き　5月中旬～8月中旬
❶本葉が2～3枚出たら、間引きを行う。
❷生育の悪いもの、葉が傷んだものなどをハサミで切り取り、1カ所2株にする。
3 追肥　5月下旬～9月中旬
❶タネまき1カ月前後から1カ月に1回追肥する。土4ℓあたり軽くひとつまみ約5gの化成肥料を土の表面にまく。
❷表面の土をほぐしながら土と肥料を軽く混ぜ、水やりをする。
4 収穫　6月下旬～10月上旬
上部と下部以外の多くのさやがふくらんでつやが出たら収穫する。株元をしっかりと持って引き抜くか、ハサミで切って収穫する。収穫後はさやをすぐに摘み取り、鮮度のよいうちに食べる。
コラム
根粒菌で肥料いらず？
エダマメなどのマメ科の植物は、根に「根粒菌（こんりゅうきん）」と呼ばれる菌が共生して、生育に必要な窒素を供給してもらっている。このため、肥料をやりすぎると実がつきにくくなるので注意する。
品種とタネまき時期
早生、中生、晩生の品種があり、それぞれ袋で確認してタネまき時期を守る。晩生のものを早くまくと写真のようにつる状になることがある。
65

コラム
その野菜にまつわる特徴や育て方・食べ方などのお役立ち情報を掲載しています。

鉢・肥料
本書で使用しているコンテナのサイズ、容量を表します。また、追肥※のタイミングや回数を表記します。使用する用土は肥料入りのものを想定しています。無肥料の土を利用する場合はあらかじめ肥料を施してください。

ポイント
栽培するときにポイントとなる情報を紹介します。

栽培手順
各栽培の手順を写真・イラストで紹介します。

栽培カレンダー
関東以西の温暖地を基準に、作業別12カ月のカレンダーです。品種や栽培する環境や年の気候などで、作業時期を変えたほうがよい場合もあるので、あくまでも目安としてください。

※本書で使用している肥料は「8-8-8」の化成肥料です。

Part 1

コンテナ栽培の基本

栽培をはじめる前に作業の基本、またコンテナ栽培の注意点を知ることが大切です。各野菜で共通する作業を細かく解説します。コツさえ押さえておけばどの野菜でも育てることができます。

栽培する環境を知る

日あたり・風通し・暑さ対策がコンテナ栽培のポイント

コンテナで野菜を栽培するときには、どんな環境で育てるかによって、生育に違いが出てきます。ポイントは、日あたり、風通し、暑さ対策です。野菜を育てるときの日あたりには、長時間日があたる「日なた」と、3〜4時間光があたる「半日陰」に分けられます。まずはコンテナを置きたい場所の方角、1日の日照時間、日のあたり具合を確認し、野菜の性質に合わせて置き場所を考えるようにしましょう。

また、病害虫の発生を防ぐために、風通しがよい場所を選ぶことも大切です。風通しが悪い場所しかない場合は、コンテナ同士の間隔をあけたり、ハンギングバスケットやスタンドなどを活用してコンテナの位置を高くします。

コンクリートでできたベランダや、庭のコンクリート部分にコンテナを置いて栽培するときには、暑さ対策も重要です。よしずや寒冷紗などで光を遮ることや、グリーンカーテンで日除けをしましょう。また、コンクリートの上にスノコやウッドデッキなどを敷き、床面の熱の影響を和らげることも、暑さ対策に有効です。

ベランダでコンテナ栽培をするときに気をつけること

避難壁
緊急時の避難経路となるので、避難壁の前にはコンテナを置かない。
手すり
コンテナを手すりにかけるときには、内側に設置し、落下防止のためにしっかり固定する。
エアコンの室外機
エアコンの室外機から出る風がコンテナに直接あたらないように室外機カバーをつける。
非常用ハッチ
非常時に使うので、この上にコンテナを置いたり、ウッドデッキを敷いたりしない。
排水溝
ゴミや土がつまらないように、定期的に掃除し、網やネットをかけておく。

日あたり

ベランダの春・秋の日あたり

夏よりも日ざしは弱いが、太陽の位置が低いため、ベランダの奥まで日が入る。ベランダ全体を使って栽培できる。

ベランダの夏の日あたり

日ざしは強いが太陽の位置が高く、ベランダの奥まで日が入らない。日なたを好む野菜は、日のあたる手すり側に置く。

風通し

風通しが悪い場合

コンテナをテーブルやフラワースタンドの上に置き、位置を高くする。ハンギングバスケットを使うのもおすすめ。

風が強い場合

風が強すぎると野菜が乾燥し、傷むことがあるため、手すり部分に透明なシートをつけるなどして風あたりを弱める。

暑さ対策

すのこを敷く

ベランダでは地面のコンクリートがかなり熱くなるため、すのこやウッドデッキなどを敷き、熱からの影響を減らす。

よしずで日を遮る

手すり部分によしずをつけたり、つる性の野菜をグリーンカーテンにして、強い日ざしを和らげるのも高温対策になる。

栽培の注意点

安全面やマナーに注意して楽しい野菜づくりを！

コンテナでの野菜栽培は、どんなところでもつくれるからこそ、置き場所や置き方には注意したいポイントがあります。

集合住宅では、ベランダで栽培するケースがほとんどでしょう。そのときに注意すべきは、ほかの住民に迷惑がかからないように、安全面やマナーに配慮することです。たとえば、コンテナの重量が耐えられる構造か確認する、避難用ハッチ、避難経路をコンテナで塞がないようにすることが大切です。また、水やりの際に階下に水が飛ばないように注意したり、手すりに吊るす場合は、手すりの内側にかけるようにして、落下しないように気をつけてください。

一戸建て住宅であれば、庭や屋上、玄関などで栽培できます。その際に注意したいのが、コンテナを直に置かないことです。直に置くと鉢底穴から虫やナメクジが入り込むことがあります。必ずプランターに鉢底網を敷き、レンガやプランタースタンドの上に置くようにしましょう。また、雨風が強いときには影響の受けにくいところに移動するのもポイントです。

コンテナ栽培の注意点

ペットや野鳥の被害対策を

コンテナ栽培では、ペットや野鳥による被害を受けることもある。コンテナに寒冷紗やネットをかけて、対策しておく。

地面に直接コンテナを置かない

庭でのコンテナ栽培は、コンテナを地面に直接置くと、鉢底穴から虫が侵入し、被害を受けることがある。コンテナは、レンガやフラワースタンドの上に置く。

日あたりが悪い場所では半日陰でも育つ野菜を

どうしても日あたりが悪い場所はあるもの。そのような場所では、ミツバやパセリ、コマツナなどの半日陰でも育つ野菜やハーブを育てる。

通路を塞がない

庭でも、ベランダでも、通路にコンテナを置くと、生活動線が断たれてしまい、不便です。避難経路となっていることもあるので、コンテナで通路を塞がないようにする。

コンテナの選び方

大きさ・材質・形状から野菜に合ったコンテナを選ぶ

コンテナには、大きさ、素材、形状などさまざまな種類があります。

大きさは、おもに大型、中型、小型、深型タイプに分けられ、それぞれ容量が異なります。

素材には、プラスチック製やテラコッタ（素焼き）などがあります。通気性や保水性、耐久性、重さなどに特徴があるので、選ぶときのポイントにするとよいでしょう。

形状には、丸型、角型、横長タイプ、ハンギングタイプ、スリット鉢など、種類が豊富です。

コンテナはそれぞれに一長一短がありますが、野菜づくりに適したコンテナを選ぶときには、栽培する野菜のサイズに合ったものを選ぶことを第一に考えましょう。たとえば、草丈の低い葉もの野菜なら小さめのコンテナで構いません。ゴボウやダイコンといった根菜であれば、土中に長く伸びるので、深いコンテナを選ぶようにします。また、栽培期間が長い野菜や、株が大きく育つ野菜は、肥料切れしにくい中型から大型のコンテナが最適です。その上で、野菜の性質に合った材質、形状を選ぶと失敗がありません。

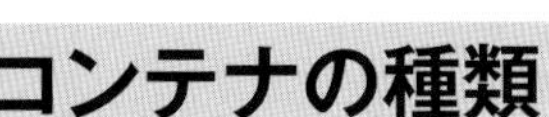

コンテナの種類

小さめの横長型コンテナ
ベビーリーフ類やミツバ、パセリなどを育てるのに最適。横の下部に余分な水分を出す穴があいている。

丸型のコンテナ
丸型で深さのあるコンテナは、次々に実をつけるミニトマトなどの野菜を１株植えて育てる、根が深く張る野菜を育てるのに適している。支柱立て用の穴があるものが育てやすい。

野菜用コンテナ
野菜づくり専用コンテナで、支柱が立てやすく、持ち手があり、持ち運びしやすいようになっているのが特徴。付属のスノコは、通気性、水はけをよくする。サイズも豊富。

コラム

スプラウトプランター
本来、カイワレダイコンやブロッコリースプラウトなどを育てる際に使用する容器。底に水を貯めることができ、野菜が必要な分の水を吸い上げる。水辺を好むクレソンにも最適。

コンテナの材質

ブリキ製
ブリキの入れ物をコンテナにすることもできる。コンテナに使用する場合は、底にドリルなどで穴をあける。

素焼き（テラコッタ）
通気性がよく、デザイン性、耐久性にすぐれている。重いのがデメリットなので、ベランダで使用する場合は、大きいものは避ける。

プラスチック製
軽いのが最大のメリットで、移動しやすい。ただし、通気性が悪いことがあり、夏などは中の温度が上がりやすいので注意する。

土づくりの基本

コンテナ栽培に適した土で育てることが大事

野菜を育てる上で、土づくりは重要です。ただし、畑と同じ土を使えばいいわけではありません。まずは、コンテナ栽培に適した土を知りましょう。野菜の栽培に適した土とは、水はけ、保水性、通気性がよく、肥料分も保持してくれる土です。これらは畑・コンテナ栽培とも共通です。しかし、コンテナ栽培では用土の量が限られます。そのため、加湿や乾燥が起きやすく、頻繁な水やりで、肥料不足になりがちです。

コンテナ栽培用の土には、市販されている野菜用の用土（培養土）と、自分で配合させてつくる用土があります。本書では、市販の用土をそのまま使用しており、初心者の方にもおすすめです。ただし、コンテナの底に水はけをよくする工夫がないものは、鉢底石や大粒の赤玉土を鉢底に入れることも必要です。

自分でつくる場合は、赤玉土、鹿沼土を「基本用土」とし、培養土、堆肥などを混ぜ合わせた「改良用土」を加えてつくります。土の配合は、ここで紹介しているものならどの野菜にも基本となる用土になります。

基本用土

川砂

河川で採取された砂で、通気性・排水性に優れている。根菜類を育てるときに、根の先が割れるのを防ぐためによく使われる。

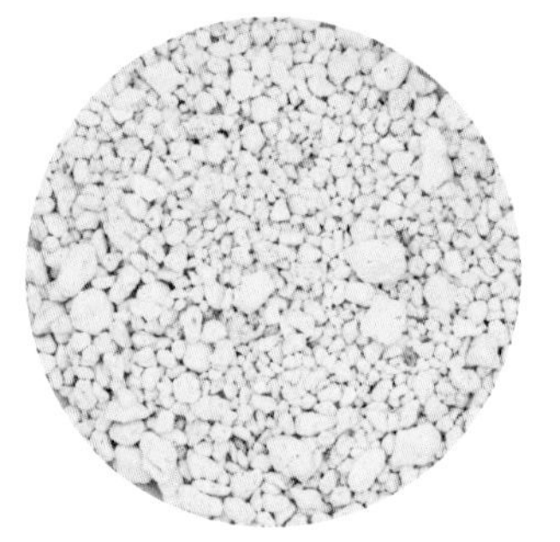

鹿沼土

関東ローム層で採取できる軽石。水はけ、保水性がある。粒の大きさ、硬さによって種類があり、粒が硬いほど水はけ、保水性がよい。

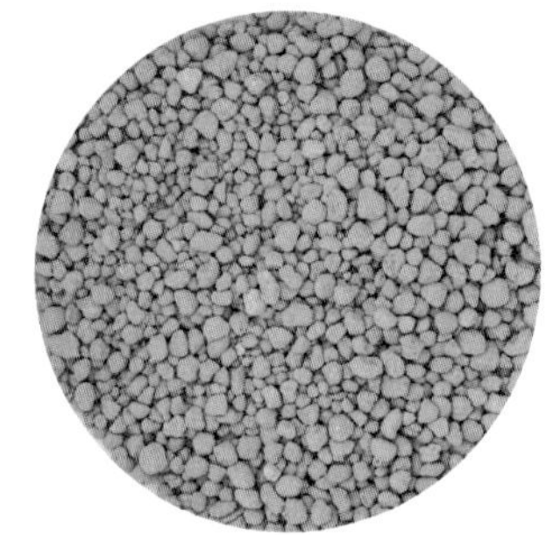

赤玉土

赤土を乾燥させたもの。通気性、保水性、保肥性に優れている。極小・小・中・大粒といった粒の大きさで選り分けられる。

改良用土・調整用土

バーミキュライト

蛭石（ひるいし）を高温で焼いたもの。保水性、水はけ、保肥性、通気性を高めたいときに使うと効果的。タネまきの用土としても使える。

堆肥

動物の糞とわらを混ぜて発酵させたもの。土をふかふかにさせる効果や、通気性、水はけ、保水性を高めたいときに使う。

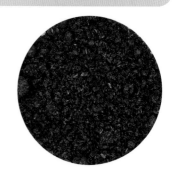

培養土

野菜・草花などの栽培に、そのまま使用できる用土。肥料分を補うほか、通気性、水はけ、保水性などを高める。

市販の用土の使い方

鉢底網のある野菜用のコンテナに、市販の用土をそのまま入れる。用土を入れ終えたら、表面を手で平らにならす。

市販の栽培用土

野菜専用の培養土の多くは、肥料分がバランスよく含まれていてそのまま使用でき、通気性、保水性に優れているのが特徴。肥料分のないものは、栽培時に肥料を入れてから使用する。

コラム

鉢底石と鉢底ネット

鉢底網のないコンテナを使用する場合は鉢底穴に鉢底ネットを敷き、底が見えなくなるくらい鉢底石を入れる。

団粒構造の土

通気性、水はけ、保水性(保肥力)のある土がよい土といわれ、この土の構造を「団粒構造」という。団粒構造の土に水が流れると、粒と粒の間に水や溶け出した肥料分を蓄える。

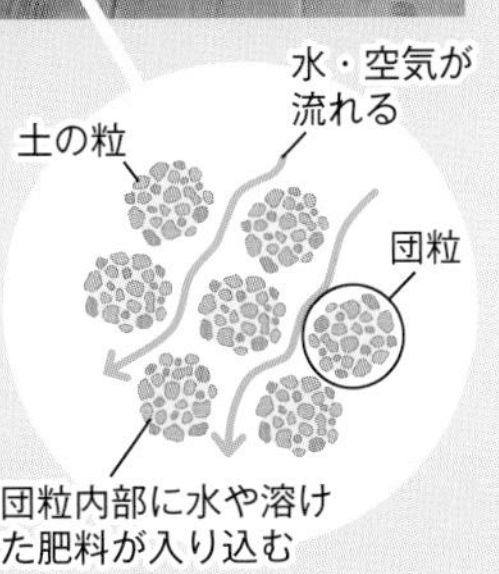

土のブレンド

❶コンテナに必要な量の赤玉土、鹿沼土、野菜用の培養土を用意する。配合比率は、赤玉土２、鹿沼土１、培養土１。

❷それぞれの土を均一になじむまでしっかり混ぜ、鉢底網のあるコンテナに、ブレンドした用土を入れ、表面を平らにならす。

タネまき

よいタネを選び、適温で発芽させる

タネまきは、タネ袋に記載されている情報を確認してからタネをまきます。とくに、発芽・生育適温、栽培時期はチェックしておきます。

タネには一代交配種（F_1種）と在来種・固定種があります。一代交配種は病気に強い、収穫量が多いなどのメリットがあります。ただし、その特徴は1代限りです。在来種・固定種は遺伝的に安定していて、育てやすく、タネをとっても翌年同じ特性が出ます。しかし、在来種は栽培地域以外だと特性が出にくいことがあります。

タネのまき方には、コンテナに直接まく「直まき栽培」と、ポットで苗まで育ててから植え替える「移植栽培」があります。

直まき栽培が適している野菜は、栽培期間が短いもの、根が弱いものです。直まきの方法には、溝に1列にタネをまく「すじまき」、1か所に数粒のタネをまく「点まき」、タネをぱらぱらとまく「ばらまき」があります。

移植栽培は、栽培期間が長い野菜、発芽率の低いもの、病害虫の被害を受けやすいものが適しています。点まき・ばらまきで行います。

タネ袋の見方

裏

タネまきから収穫までの栽培方法が記載されている。

栽培場所別につくられた栽培カレンダー。栽培する地域の目安がわかる。

発芽までの日数、発芽・生育適温など重要な情報は、必ず確認する。

タネの生産地、タネの数量、発芽率、薬剤処理などが記載。とくに有効期限はよくチェックしておく。

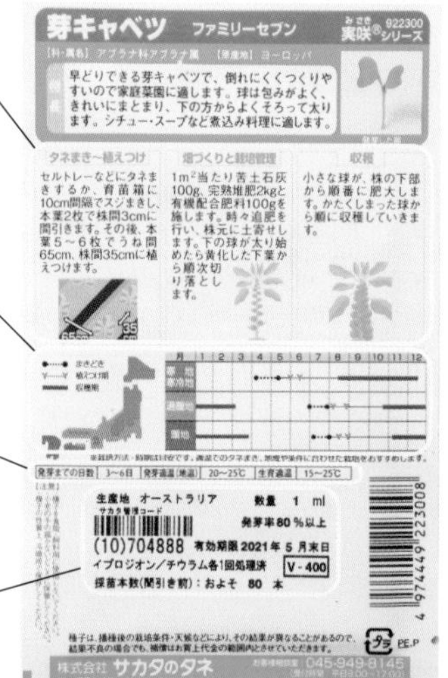

表

交配種、固定種がわかる。

一般的な品種名、または種苗メーカーで作出した品種名が書かれていることが多い。

一般的な野菜の名前。品種名の場合もある。

種苗メーカーによっては表側にまきどきの目安が記載されている。

タネまきの深さ

どのタネまきの方法でも、溝の深さは同じ。通常、タネの大きさの2～5倍程度の深さまで溝をつくる。

固定種と一代交配種

「○○交配」「一代交配」などと書かれているものはF_1種。タネをとっても一代限りで、同じ性質の野菜に育たない。

「○○交配」がないもの「○○育成」などとあるものは固定種。タネをとると同じ性質の野菜が育つ。

タネの色

市販されている一部のタネには、色がついていることがある。これはタネを消毒するなどした場合につけられる。

すじまきの方法（ラディッシュ）

❶葉もの野菜などは10cm間隔に深さ1cmほどの溝をつくる。

❷親指と人差し指でタネをつまみ、指をこするようにタネを落とす。このとき、割り箸に1cm間隔に印をつけたものを置くと間隔がわかりやすい。

ポイント

❸タネの粒が比較的大きいマメ科やダイコンなどのタネは、指で軽く押さえると土とタネが密着して発芽がよくなる。

❹両脇から土を寄せて溝を埋める。

❺タネと土が密着するように軽く押さえる。

❻最後にたっぷりと水やりをしてタネと土を密着させる。

点まきの方法（ダイコン）

❶株間を測り、指先でタネの2～5倍の深さに窪みをつける。

❷窪みにタネを3～4粒ほどまく。

❸比較的タネが大きいものは、指先でタネを1粒ずつ軽く押さえておくと、発芽しやすい。

❹両脇から土を寄せてタネにかぶせる。

❺タネと土が密着するように軽く押さえる。

❻最後にたっぷりと水やりをしてタネと土を密着させる。

植えつけ

育ちのよい苗を数や間隔を考えて植えつける

苗から育てたほうがよい野菜は、育苗に高い温度が必要な実ものや、苗が育つまでに時間がかかる野菜です。一般的には、栽培適期にホームセンターや園芸店に苗が出回りますが、早めに苗が出回っていることもあるので、植えつけ時期を確認してから購入するとよいでしょう。

苗を選ぶときも、タネ同様、よい苗を選ぶようにします。よい苗の条件は、株全体がしっかりとしているもの、葉が濃い緑色で、茎が細くないもの、病気や虫の被害にあってないものなどです。苗を購入し、すぐに植えつけしない場合は水やりをしながら育てましょう。

植えつけの方法は、ポットにタネをまいて育てた苗も、ホームセンターなどで購入した苗も同じです。苗にストレスのない、天気がよく風のない日を選び、コンテナの大きさに対して、植える株の数や間隔を考えながら植えていきます。根鉢を崩さないようにポットから苗を出し、根鉢の高さとコンテナの土の高さが同じになるように植え、株元を軽く押さえつけましょう。その後、たっぷりと水を与えます。

よい苗の見分け方

葉や茎が弱々しく、全体的に元気がない

節と節との間隔があきすぎたり、詰まりすぎたりしていて、一定ではない

葉が変色している。地ぎわに病気のあとがある

節と節との間隔が一定である

葉に病害虫の被害がない。下の葉が濃い色をしている

地ぎわに病気のあとがない

根の張り

根の張り方は、ポットの底から少し白い根が見えているものがよい苗の証。ポットから出すと古くなった茶色い根ではなく、新しい白い根が回っている。

ポット苗の植えつけ（ナス）

❶植えつけに適した時期、苗に育ったものを植えつける。苗づくりに失敗した場合は、苗を購入するとよい。

❷茎を人差し指と中指ではさみ、ポットをひっくり返す。

❸底の部分を軽くつまみながら、ポットを引き抜く。根鉢を崩さないように注意する。

❹ポットと同じ大きさ、深さの穴を掘る。

❺苗を植え穴に入れる。このとき根鉢の上部が用土よりも浅い場合はもう少し掘り、深い場合は用土を入れて同じ高さになるようにする。

❻土を株元にかぶせ、根鉢と土が密着するように手で軽く押さえ、土表面と株元を同じ高さにする。

❼支柱が必要な野菜のうち、風で倒れそうなものは、植えつけと同時に支柱を立てる。

❽根と土がさらに密着するように、たっぷりと水やりをする。

間引き

適切な株間にして野菜を成長させる

間引きとは、発芽がそろい、生育のよい芽を残し、ほかを取り除いて適切な株間にすることです。株間をあける以外にも、日あたりや風通しをよくして徒長を防いだり、病害虫の発生を防いだりする目的があります。

間引きは、1～3回に分けて行うのが一般的です。タイミングは、野菜の成長に合わせて、双葉が出たころ、本葉1～2枚、本葉2～4枚、本葉5～7枚の時期を目安に行います。最後の間引きで、適切な株間になるように調整しましょう。間引いたあと葉と葉が触れ合うくらいの間隔にすると株同士が競い合って、大きな株になっていきます（共育ち）。

間引く株は、生育の悪いもの、葉の傷んだもの、茎がひょろっとしたもの、ほかの株より極端に大きいものなどです。ハサミや手で抜き取ります。

間引き後は、土寄せをします。株元に土を寄せ、苗が倒れないようにしましょう。

葉ものや根ものの間引いた株は食べられるものが多く、捨てずに、間引き菜として料理に活用しましょう。

点まきの間引き（聖護院大根）

❶間引く前。本葉が3枚以上出はじめたら間引きを行う。生育の悪い株や葉が傷んだものを間引く。

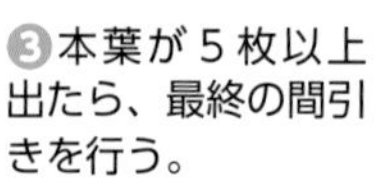

❷ほかの株が抜けないよう、抜く株の株元を指で押さえて引き抜く。

❸本葉が5枚以上出たら、最終の間引きを行う。

❹残す株の根を傷めないよう、ハサミを使って間引く。

すじまきの間引き（ラディッシュ）

❶間引く前。発芽がそろい、混み合ってきたら、生育の悪い株や葉が傷んだものを間引く。

❷株元を指で押さえて引き抜き、適切な株間にする。間引いた株は、食材として利用できる。

❸株がさらに成長し、混み合ってきたら間引きをする。株間は2～3cm程度になるよう間引く。

芽かき・摘心

**芽かきで養分の分散を防ぎ
摘心でわき芽の成長を促す**

茎と葉のつけ根の間から出てくる芽を「わき芽」といいます。このわき芽は茎葉を増やすために出る芽です。わき芽が成長するのに、株の養分が使われてしまうため、実もの野菜では、養分が分散することを防ぎ、よい実がつくれるよう、わき芽を摘む「芽かき」を行います。

わき芽を摘むときには、摘み取った傷口が乾きやすい、天気のよい日の午前中に行います。手で摘み取ることで、病気が伝染するのを防ぎます。ハサミを使う場合は火であぶって、消毒してから行いましょう。

芽かきとは反対に、わき芽やつるを増やす作業が「摘心」です。茎の先端の成長点を摘み取ることで、わき芽やつるの成長を促します。茎の先端や葉を収穫する野菜は、摘心をすることでわき芽が増えて収穫量を上げることが可能です。また、実もの野菜も摘心すると、養分の分散や高さを抑えることができ、管理作業がしやすくなります。

摘心は芽かきと同様に晴れた日の午前中に行い、茎の先端や子づるの先を摘み取ります。目的に合わせて摘心しましょう。

芽かき（シシトウ）

❶葉と茎のつけ根から出るわき芽を摘み取る。芽かきによって、風通しをよくし、ほかの枝の生育をよくする目的がある。

❷わき芽を手でつまみ、摘み取る。芽かきは、傷口を乾かすために晴れた日の午前中に行うようにする。

摘心（シソ）

❶摘心を行うことで、わき芽やつるを増やすことができ、収穫量も増やせる。

❷茎が30cm以上伸びたら、半分ほどの高さに摘心して収穫する。

❸摘心後、葉のつけ根からわき芽が伸び、枝が増える。伸びたわき芽も、同様に摘心して葉を茂らせる。

支柱立て・誘引

つる性の野菜や株が倒れやすい野菜は支柱を立てる

高く育つ野菜や、株が倒れやすい野菜、つる性の野菜は、株を支えるために「支柱立て」を行います。支柱立て後は、つるをひもや支柱に絡ませる「誘引」を行います。誘引は茎やつるが伸びるたびに行います。支柱を立てることで、株に日がよくあたるようになり、風通しもよくなります。

支柱の立て方には、支柱1本で株を支える「1本仕立て」、立てた支柱に、ひもや針金を水平にまわす「あんどん型」、立てた支柱の上部を交差させてその部分をひもでまとめた「オベリスク型」などがあります。

1本仕立ては、茎を1本伸ばして栽培する野菜に適しています。あんどん型は、つるや茎が長く伸びる野菜に向きます。円形のコンテナを使用する場合、支柱が広がりすぎるようなら、上部をひもや針金で縛り、広がりを抑えます。オベリスク型も、つるや茎が伸びる野菜を栽培するのにおすすめです。

あんどん型やオベリスク型で、支柱がぐらつくようであれば、針金などで支柱をコンテナに固定するとよいでしょう。

支柱の固定方法

❶支柱を固定するための穴があいているコンテナでは、内側に支柱を立て、針金を穴に通す。輪の部分を内側にして、針金の先を穴から出す。

❷針金の先をペンチでしっかりねじり、支柱を固定する。針金の先の部分は危ないので、短く切るか、折り曲げておく。

1本仕立て支柱の立て方

❶ 1mの支柱を1本用意し、株元から3～5cm離れた部分に支柱を立てる。

❷茎にひもをかけてねじり、8の字になるようにひもをかける。ひもを支柱側で結び、しっかりと固定する。

あんどん型支柱の立て方

❶160cmの支柱を3本、上から見て三角形になるように立てる。針金で支柱をしっかりと固定する。

❷支柱のいずれか1本に、コンテナから30〜40cm程度の高さにひもを結びつけ、そのほかの支柱にひもをまわしながら1周させる。ひもがたるんでいないか確認後、最初に結んだ支柱にもう1度結びつける。

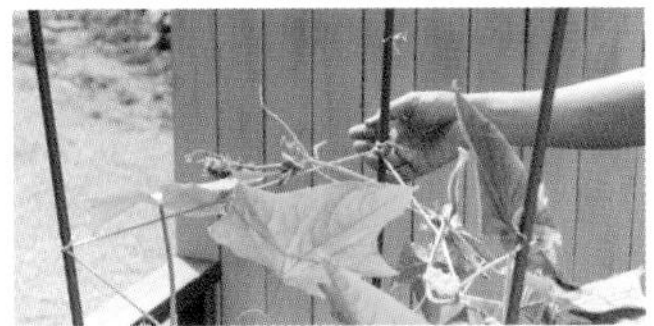

❸同様にひもを支柱に数段結びつけたら完成。

つるの誘引（キュウリ）

❶つるが支柱やひもに直接絡むタイプや巻きひげが出るタイプの野菜は、一度つるをはずして誘引しやすくする。

❷つるを伸ばしたい方向に向け、一部分を支柱側でゆるめの8の字にひもをかけて縛り、先端をひもに絡めるように誘引する。

❸つるが伸びるたびに同様の作業を行い、螺旋状に上へ上へと誘引するとよい。

1本・3本仕立ての誘引（ナス）

❶茎が伸びるたびに支柱に誘引していく。

❷茎と支柱を、ゆるめの8の字にひもをかける。

❸支柱側で蝶々結びをして固定する。3本仕立てでも同様に誘引する。

追肥

追肥して肥料不足を解消する

植物の栽培中に、肥料を追加で与えることを「追肥」といいます。コンテナ栽培では、養分を蓄える用土の量が限られていることや、水やりによって肥料分が流れ出てしまうため、肥料不足になりがちです。そのため、追肥によって肥料を補う必要があります。

肥料の主な養分には、窒素、リン酸、カリ（カリウム）、マグネシウム、カルシウムなどがあります。なかでも、窒素、リン酸、カリのことを「肥料の3要素」といい、植物の生育に重要な要素です。市販されている家庭菜園用の肥料には、この3要素がバランスよく含まれています。

追肥のタイミングは、植えつけから2～4週間後が目安です。短時間で効果が現れる速効性の高い肥料を与えましょう。肥料のタイプは、水で薄めて使う液体肥料や、速効性と緩効性をあわせ持つ固形肥料が適しています。

また、固形肥料の量は、手で握ったときの量をあらかじめ計っておくと便利です。追肥後には、固くなった土の表面をほぐし、その後水やりをして肥料を土に染み込ませます。

肥料の3要素

カリ

根の生育をよくし、植物全体を丈夫にする効果がある。不足すると実や根が大きくならない。

窒素

野菜の体の基礎となる、葉や茎を育てる要素。不足すると葉の色が薄くなり、株が小さくなる。

リン酸

花つきや実つきをよくする効果がある要素。不足すると葉が変色し、実つきが悪くなる。

化成肥料の目安

軽くひとつまみ＝約5g
コンテナの容量が4ℓ前後の目安。

ひとつまみ＝約10g
コンテナの容量が8ℓ前後の目安。

軽くひと握り＝約20g
コンテナの容量が15ℓ前後の目安。

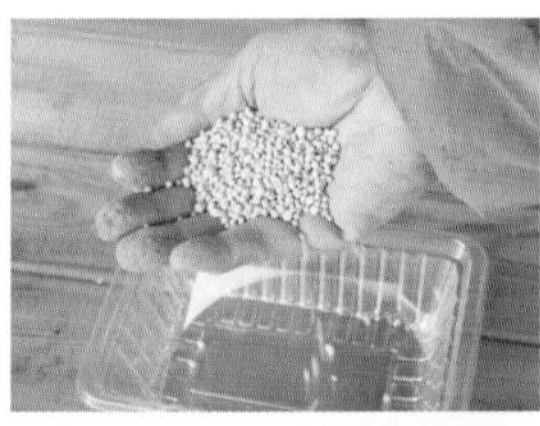

ひと握り＝約30g
コンテナの容量が30ℓ前後の目安。

液体肥料の与え方

液体肥料

液体肥料とは、液体状の化成肥料のこと。水で薄めて使うタイプと、そのまま使えるタイプに分けられる。水やりと同じように与えることができ、速効性があるので、葉の色が悪いときなど、すぐに肥料を効かせたい場合に最適。

❶水で薄めて使うタイプは、あらかじめジョウロに水を入れてから、ラベルに書いてあるとおりの分量になるように液肥を入れる

❷液肥の濃度が一定になるよう、割り箸などを使って、しっかり混ぜる。

❸ジョウロを使い、水やりと同じように液肥をかける。コンテナの底から水が染み出るまで与えるようにする。

化成肥料の与え方

化成肥料

化成肥料は、科学的に合成された無機質肥料。袋に(8-8-8)などと同じ数字が書かれたものは窒素、リン酸、カリの割合が、それぞれ100g中8g入っていることを表す。本書ではこの肥料を使用。バランスがよく使いやすい。

❶適量の化成肥料を手に取り、鉢の全面に化成肥料をまく。

❷指先で土の表面を軽くほぐしながら、肥料と土を混ぜながら表面を平らにする。

❸最後にたっぷりと水を与え、肥料を染み込ませる。

その他の作業

水やりはほぼ毎日行い栽培終了後は片づける

コンテナ栽培では土の保水性が低いので、水やりをほぼ毎日行います。水やりの目安は、土の表面が乾いたら行い、コンテナの底から流れ出るまでたっぷりと与えます。

基本的に水やりは早朝に1回です。夏場は午後に土が乾くようなら、再び水やりをします。冬越しするような野菜は、土の表面が乾くまで数日かかります。水やりは、気温が上昇しはじめる午前中に行います。

ポットにタネまきをして育苗する場合は、タネ袋を参照して、発芽温度で管理します。ポットはポリ袋に入れて湿度を保ち、発芽まで室内で管理するとよいでしょう。

また、固定種・在来種を育てている場合は、翌年用のタネをとることもできます。とったタネは乾燥させて、紙袋に入れ、冷蔵庫で保管します。タネは古くなるほど発芽率が下がるので、とったタネは翌年には使い切りましょう。

収穫まですべての作業が終わったら、速やかに片づけをして次の栽培の準備をします。野菜個別の作業は各野菜のページを参照ください。

基本の水やり

①土の表面が乾いたら水やりを行う。このため、毎日のチェックが大切。

②鉢の底から流れ出るようにたっぷりと水やりをする。

ポイント

底面灌水（ていめんかんすい）

葉がしおれるほど水分が不足していたら、鉢の底から水が吸い上げられる底面灌水を行う。たらいに水を張り、コンテナを入れる。葉に水分が戻ってピンと張るまでつけておく。

育苗中の管理

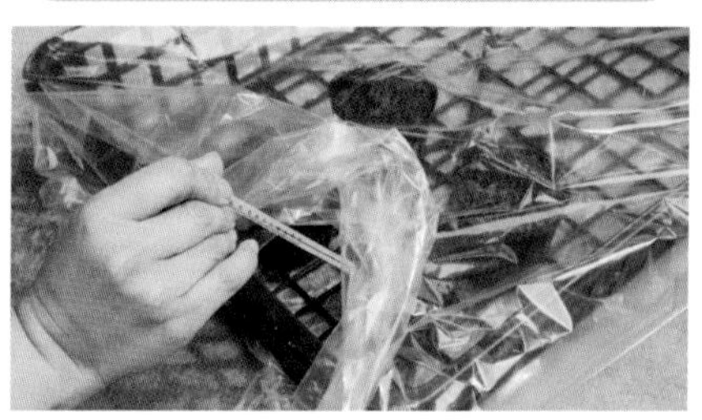

①ポットまき後から植えつけまでは、透明なポリ袋をかぶせて発芽温度を確認しながら育苗する。温度が高すぎるようなら、袋の口をあけて換気する。日あたりのよい室内の窓辺で管理し、夜間は室内の気温の変化の少ない場所に移動させる。

②育苗中は、表面の土が乾いてきたら水やりをする。光を好むタネは、タネが流れないようにやさしく水やりをする。

タネのとり方①（シソ）

①シソなど固定種はタネをとることもできる。実をつけたシソの穂の下部が枯れはじめたものを摘み、風通しがよく雨のあたらない場所で乾燥させる。

②乾燥した穂からタネを取り出し、ゴミを除く。

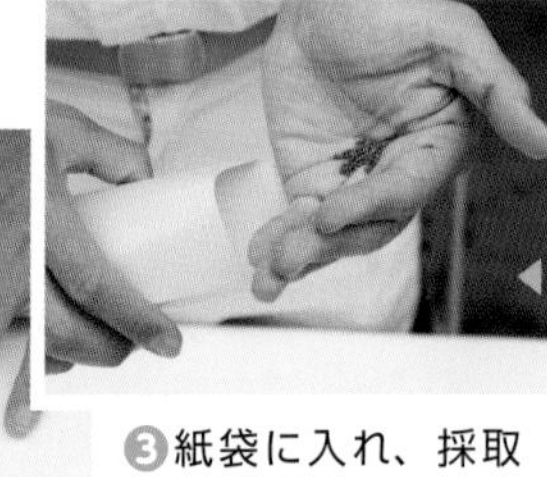

③紙袋に入れ、採取した日付を書き、冷蔵庫で保存する。タネは翌年には使い切る。

タネのとり方③（トマト）

❶固定種のタネで育てたトマトを完熟させて収穫し、4つに切り分ける。

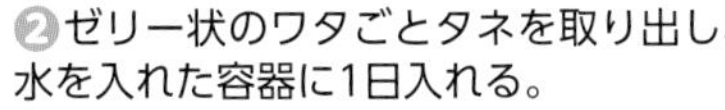

❷ゼリー状のワタごとタネを取り出し、水を入れた容器に1日入れる。

❸タネを洗って取り出し、キッチンペーパーなどで水気を切る。天日で1日乾燥させたあと、風通しのよい日陰で1週間ほど乾燥させて保存する。

タネのとり方②（シシトウ）

❶シシトウは、ほかのナス科の植物がない状態で育て、完熟させた実を摘み取る。

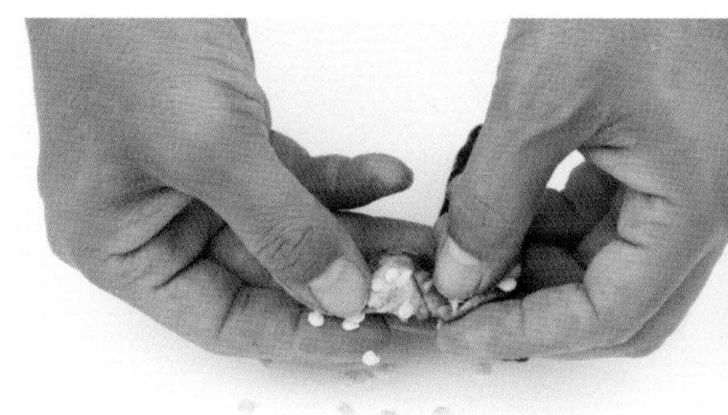

❷実を割ってタネを取り出し、雨のあたらない風通しのよい場所で乾燥させてからシソと同様に紙袋に入れて冷蔵庫で保管する。

片づけ（キュウリ）

❶収穫が終わった野菜は、枯れて病気の温床となるので早めに片づける。

❷株元からハサミで切る。

❸つるが伸びるものは支柱に巻きついたつるも切る。

❹地上部をすべて取り除く。

❺支柱を立てていた場合は、固定していた針金を切り取り、支柱を引き抜く。

❻シートの上に用土を出し、土をほぐす。

❼根やゴミを取り除き、使用した土を処理する（リサイクルの方法は次ページ）。

土の処理

土は再生してリサイクルしよう

一度使った土は、もう1年くらいは同じ土を使って野菜を栽培することができます。ただし、同じ科の仲間の野菜をそのまま同じ土でつくると、生育が悪くなったり、枯れたりする「連作障害」が起こるので注意が必要です。連作障害は、土の中に病原となる細菌やウイルス、カビなどが増えてしまったために、野菜が病気になりやすくなることをいいます。代表的な症状としては、花は咲くが実がつかなかったり、葉の葉脈以外の部分が黄色くなったりします。

土を再利用し、連作障害を防ぐためには、科の異なる野菜を栽培することです。また、土を再生することで、再利用できます。

土を再生するには、不要なものを取り除き、日ざしの強い日光にあてる、熱湯をかけるなどして消毒します。また、最近では古い土に混ぜたり、まいたりすることで再生する、土のリサイクル材も販売されているので、それらを活用してリサイクルしましょう。

使わなくなった土を捨てるときは、住んでいる自治体のルールに従い、処分してください。

土のリサイクル方法

1 ふるいにかける

❶使った古い土は、適度に乾かしておく。

❷ふるいにかけ、根や微塵などの不純物を取り除く。取り除いた不純物は処分する。

2 消毒方法① 日光消毒

❶ふるいにかけた土を水で軽く湿らせて、手で混ぜる。

❷二重にしたビニール袋に入れ、日光があたる場所に置く。ときどき混ぜながら、夏場であれば10日以上、春、秋は1か月以上、冬はひと冬置く。

3 消毒方法② 熱湯消毒

❶高温に耐えられる容器に、ふるいにかけた土を入れる。コンテナのままでもよいが、底に穴があいているので熱湯が流れないようにする。

❷土に熱湯をまんべんなくかけ、60℃以上の温度で15分以上置く。

❸ビニールシートの上に消毒した土を広げ、数日間乾燥させる。

4 土を再生させる

❶消毒した土と新しい土を用意する。それぞれの土の量は、同量でよい。

❷２つの土を手で混ぜ合わせる。

❸すぐに使わない場合は、ビニール袋に入れて保存する。

病害虫対策

適切な環境をつくって病害虫の発生を防ぐ

病害虫の発生原因には、土中の菌や卵、微生物、飛来する虫などがあります。被害を受けないためには、あらかじめ病害虫予防や対策をしておく必要があります。

病害虫を予防するために重要なことは、適切な時期にタネをまき、丈夫で健康な苗に育てることです。市販されている苗を購入するときも、健康な苗を選ぶようにしましょう。

また、生育環境も大切です。日あたり、風通しが悪い、じめじめした湿った場所など、生育環境が悪いと、病害虫の被害を受けやすくなります。適度な株間を取り、日あたり、風通しをよくして、水や肥料を適切に与えるようにすれば、被害を防げます。そのほか、水はけのよい清潔な用土を使う、枯葉や黄色くなった下葉は取り除くことも、病害虫対策につながります。

害虫を見つけた場合は、すばやく退治することがポイントです。被害を最小限に抑えるようにしましょう。害虫対策には、防虫ネットをかけて防除したり、害虫を捕獲する粘着テープを利用したり、適切な薬剤を使うなどがあります。

おもな病気とその対策

モザイク病
ウイルスによる伝染性の病気で、葉がちぢれたり、黄色く変色し、生育不良に陥る。

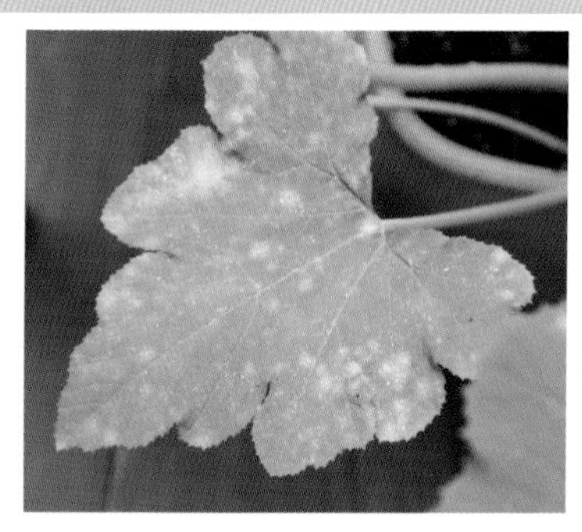

うどんこ病
葉に白い粉がふいたようなカビが発生する病気。多くの野菜に発生する。

病名	特徴・原因	対策	被害にあいやすい野菜
ウイルス病・モザイク病	葉が縮れたり、黄色く変色し、生育不良を起こす。アブラムシの媒介や汚れた手などで野菜に触れることが原因。	被害にあった株は早期に取り除いて処分する。手や道具は消毒する。アブラムシを防除する。	ほとんどの野菜
うどんこ病	葉の表面に白い粉のようなカビが発生する。カビが原因で、湿度が低い時期に発生する。	発生初期に、発生した葉を摘み取るか、薬剤を散布する。密植を避け、風通し、水はけをよくする。	キュウリ、カボチャ、イチゴ、ナスなど
べと病	葉の葉脈に区切られて模様ができ、葉の裏には灰紫色のカビが出る。原因はカビ。	病気になった葉を早めに摘み取る。風通し、水はけをよくする。	キャベツ、キュウリ、ダイコン、レタスなど
軟腐病（なんぷびょう）	株元や葉のつけ根が水が染みたように変色する。腐敗して悪臭を出し、株全体が腐る。土の中の細菌が原因。	発生した株を抜き取って処分する。水はけをよくする。	キャベツ、ダイコン、ハクサイ、レタスなど
根こぶ病	根に大小のコブができる。カビの仲間によって発生する。	発生初期に株ごと抜き取って処分する。水はけをよくする。	アブラナ科の野菜
疫病（えきびょう）	葉、茎、実に、水がしみたような褐色の病斑が見られる。土の中のカビが原因。	被害にあった部分を早期に摘み取り、処分する。水はけをよくする。	トマト、キュウリ、ピーマン、ジャガイモなど

おもな害虫とその対策

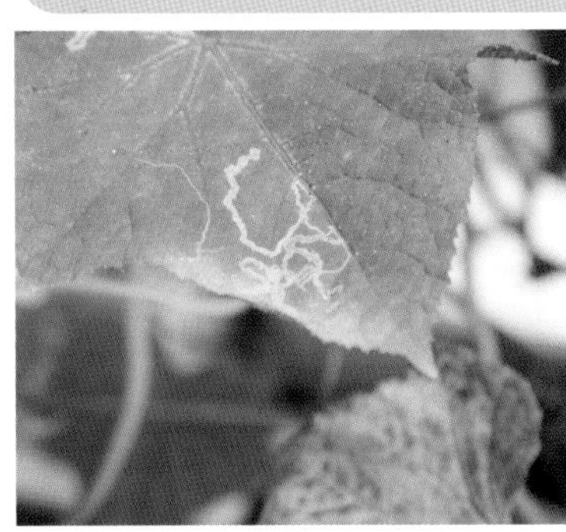

ハモグリバエの幼虫
葉にもぐって食害し、葉の表面に白い筋のような模様が現れる。

タバコガの幼虫
シシトウなどのナス科の葉や実を食べる。シシトウなどでは実の中に潜む。

アオムシ
モンシロチョウの幼虫。ブロッコリーなど、アブラナ科の植物の葉を食べる。

害虫名	特徴・原因	対策	被害にあいやすい野菜
アオムシ	モンシロチョウの幼虫。アブラナ科の野菜の葉を食べる。	モンシロチョウを見つけたら卵や幼虫を探して捕殺する。	アブラナ科の野菜
アブラムシ類	新芽や葉、茎の汁を吸う。ウイルス病を媒介することもある。	風通しをよくする。見つけ次第粘着テープなどで取り除く。	ほとんどの野菜
ヨトウムシ	ヨトウガの幼虫。主に、夜に土の中から出てきて、葉を食べる。	見つけ次第取り除く。防虫ネットなどで防ぐ。	ほとんどの野菜
タバコガの幼虫	緑色、または褐色のイモムシが葉や実を食べる。	防虫ネットで防ぐ。実に穴があいていたら、摘み取って捕殺する。	ピーマン、キャベツ、オクラなど
カメムシ類	六角形の形をした緑色や褐色の昆虫。茎や葉、さやなどの汁を吸う。	見つけ次第捕殺する。防虫ネットで防ぐ。	マメ科、ナス科の野菜
コガネムシ類	幼虫は土の中で根を食べ、成虫は葉や花を食べる。根を食べられると生育が悪くなる。	幼虫、成虫、どちらも見つけ次第捕殺する。	イチゴ、インゲン、エダマメ、ラッカセイなど

害虫の防除方法

害虫捕獲粘着テープ
飛び回る虫には、害虫を捕獲する粘着テープが有効。

粘着テープ
アブラムシは見つけ次第、粘着テープで取り除く。

防虫ネット
防虫ネットをかけることで、野菜を害虫から守る。

道具

野菜づくりの道具をそろえよう

畑であっても、コンテナであっても、野菜をつくるときには道具が必要です。コンテナ栽培の場合は、ハサミ、ジョウロ、移植ごてを使う頻度が高いので、あらかじめ用意しておくとよいでしょう。なかには身近なもので代用できるものもあります。

道具を使ったあとは洗って水気をしっかり拭き取れば、次に使うときに気持ちよく使え、道具の寿命も伸びます。

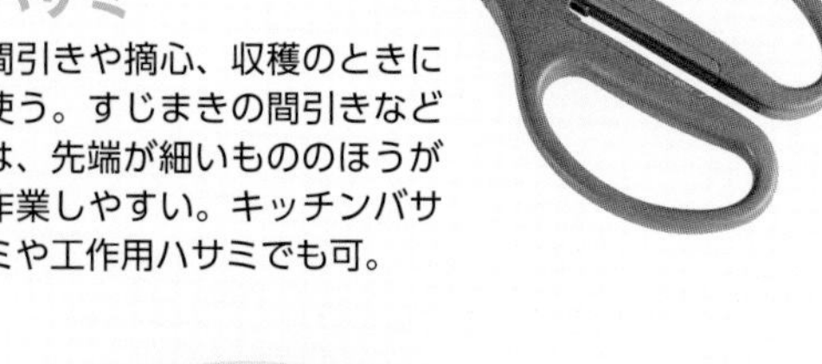

ハサミ

間引きや摘心、収穫のときに使う。すじまきの間引きなどは、先端が細いもののほうが作業しやすい。キッチンバサミや工作用ハサミでも可。

ふるい

土のリサイクルでゴミを取り除くために使う。

麻ひも

誘引や株を支えるときに支柱と野菜を結びつけて固定するときに使う。栽培後に土に還る素材のものがおすすめ。ビニールひもでもよい。

ジョウロ

水やりや液体肥料を施すときに使う。ハス口が取りはずせたり、回せるタイプのジョウロだと、水をまく範囲を調節できて便利。

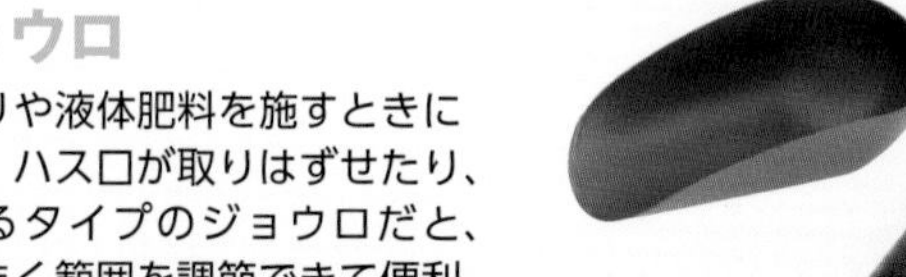

土入れ

コンテナに用土を入れるときに使う。大・中・小、それぞれのサイズを用意しておくと、コンテナのサイズに合わせて使い分けられる。

移植ごて

苗の植えつけのときに穴を掘る、土の出し入れなどの場面で使う。幅広型、細型の２種類用意しておくと使い分けができる。

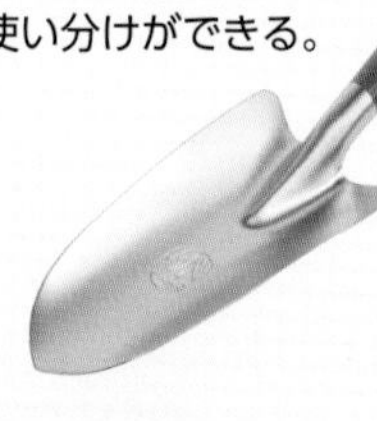

バケツ

水や肥料を運んだり、用土を混ぜたりするときに使う。切った枝や葉をまとめるときにも使えるので、用途ごとに用意しておくとよい。

ポリポット

苗を育てるために使う容器。ポリエチレン製の直径９～10.5cmのポットがよく使われる。

支柱

つる性の植物の誘引、株を支えるときに使う。野菜の種類によって、太さ、長さを選ぶ。プラスチックコーティングしてあるものが使いやすい。

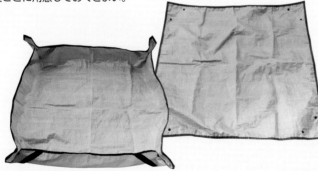

ビニールシート

土の入れ替えや植えつけなどの作業時に使う。四隅をとめて受け皿状にできるものは、土がこぼれにくく便利。

Part 2

春に栽培する葉もの野菜

本格的な夏になる前に栽培を開始する葉もの野菜です。この時期に栽培する野菜、短期間で収穫するハーブは、病害虫に強く育てやすいです。大きく育つものも多いので、栽培するスペースを考えて育てる野菜を選びましょう。

アイスプラント
ーハマミズナ科ー

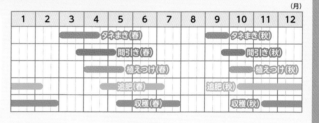

難易度 やさしい／**ふつう**／むずかしい

ポイント

- 発芽適温20℃前後、生育適温は10～25℃。寒い時期は室内に入れ、適切な温度で管理する。
- 多肉植物で、茎や葉の表面に水滴のような粒がつき、プチプチとした食感と塩味がある。

鉢・肥料

3.5ℓ以上入る鉢を使う。植えつけ後2週間に1回追肥する。

（月）

1	2	3	4	5	6	7	8	9	10	11	12
				タネまき(春)					タネまき(秋)		
				間引き(春)						間引き(秋)	
					植えつけ(春)					植えつけ(秋)	
				追肥(春)				追肥(秋)			
					収穫(春)				収穫(秋)		

1 タネまき・間引き

3月～4月中旬・9月（タネまき）
3月下旬～5月上旬・9月下旬～10月中旬（間引き）

❶ポットに入れた用土に、3カ所窪みをつけ、それぞれ1粒ずつタネをまく。

❷本葉5枚以上になったら間引いて1株にする。

2 植えつけ

4月～5月中旬・10月

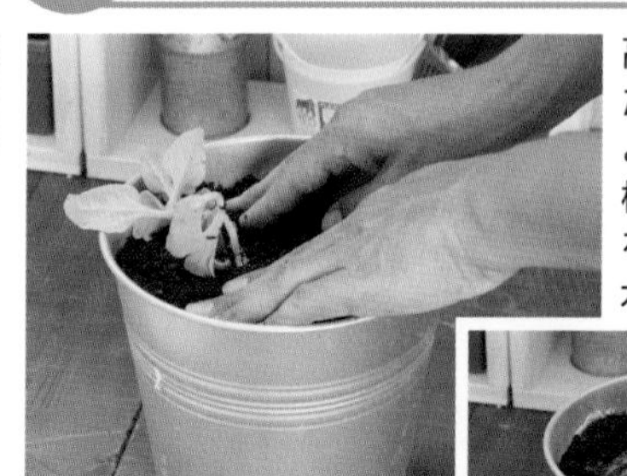

高さ10㎝前後になったら、根鉢を崩さないように苗を取り出して植えつける。根鉢に土をかぶせて軽く押さえ、水やりをする。

3 収穫・追肥

4月下旬～7月上旬・10月中旬～2月上旬

植えつけ後2週間に1回、土3.5ℓあたり軽くひとつまみ約5gの化成肥料を土の表面にまき。土と軽く混ぜて水やりをする。

4 収穫

5月中旬～7月・11月中旬～2月

高さ20～30㎝になったら、葉のある節まで切って収穫する。こうすることで、わき芽が増えて葉が茂る。

イタリアンパセリ

―セリ科―

難易度　やさしい　ふつう

ポイント

- 日あたりのよい場所を好むが、高温と乾燥で葉が黄変しやすく、生育も悪くなるので注意する。
- 生育に合わせて必要な分、外葉から摘み取って収穫する。

鉢・肥料

3.5ℓ以上入る鉢を使う。植えつけ後2週間に1回追肥する。

	1	2	3	4	5	6	7	8	9	10	11	12 (月)
				タネまき								
				間引き								
					植えつけ							
						追肥						
						収穫						

1 タネまき・間引き　4月～5月（タネまき）4月下旬～6月（間引き）

❶ポットに入れた用土に、3カ所窪みをつけ、それぞれ1粒ずつタネをまく。

❷本葉1～3枚になったら間引いて1株にする。

2 植えつけ　5月中旬～7月中旬

本葉4～6枚くらいになったら、根鉢を崩さないように苗を取り出して植えつける。根鉢に土をかぶせて軽く押さえ、水やりをする。

3 追肥　6月中旬～10月中旬

植えつけ後2週間に1回、土3.5ℓあたり軽くひとつまみ約5gの化成肥料を土の表面にまき。土と軽く混ぜて水やりをする。

4 収穫　6月下旬～10月

本葉8枚以上になったら、必要な分だけ外葉から摘み取る。葉は中央から次々と出てくる。

エンサイ（空芯菜）

ーヒルガオ科ー

難易度 やさしい／ふつう／むずかしい

ポイント

- 栽培適温は25～35℃。植えつけは、気温が十分上がる5月以降に行う。
- もともと水辺で生育する野菜なので、夏場の土が乾燥する時期にはたっぷりと水やりをする。

鉢・肥料

5ℓ以上入る鉢を使う。収穫後、1カ月に1～2回追肥する。

(月)

	1	2	3	4	5	6	7	8	9	10	11	12
						タネまき						
						間引き						
							植えつけ					
								収穫				
								追肥				

1 タネまき・間引き

5月～7月（タネまき）
5月中旬～8月上旬（間引き）

ポットに入れた用土に、3カ所窪みをつけ、それぞれ1粒ずつタネをまく。本葉1～2枚の頃に1回目の間引きで2株にし、3～4枚の頃にさらに間引いて1株にする。

2 植えつけ

5月下旬～8月中旬

❶高さ15㎝前後になったら、根鉢を崩さないように苗を取り出して植えつける。

❷根鉢にかぶせて軽く押さえ、たっぷりと水やりをする。

3 収穫・追肥

6月中旬～10月（収穫）
6月中旬～9月上旬（追肥）

❶先端のやわらかい部分を葉の上5㎝ほどのところで収穫する。収穫後、土5ℓあたり軽くひとつまみ約5ｇの化成肥料を土の表面にまき。土と軽く混ぜて水やりをする。

❷その後、伸びたわき芽の葉1枚を残して収穫・追肥を繰り返す。

キンサイ（スープセロリ）

ーセリ科ー

難易度 やさしい ／ ふつう ／ むずかしい

ポイント

- セロリの原種といわれ、暑さに強く、丈夫で育てやすい。
- タネは光を好むため、土はごく薄くかぶせる。栽培適温は20～25℃。

鉢・肥料

6.5ℓ以上入る鉢を使う。収穫後、1カ月に1～2回追肥する。

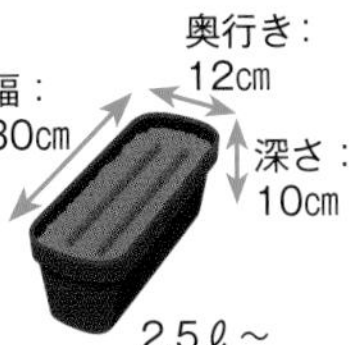

（月）

1	2	3	4	5	6	7	8	9	10	11	12
		タネまき									
			間引き								
				収穫							
				追肥							

1 タネまき　3月中旬～6月中旬

❶コンテナに入れた用土に、10cm間隔に2カ所浅い溝をつけて多めにすじまきする。

❷土をごく薄くかぶせて軽く押さえ、土と密着するようにたっぷりと水やりをする。

2 間引き　4月～7月上旬

本葉が1枚出はじめたら、1cmほどの間隔になるように間引く。ほかの株が抜けないように株元を押さえて引き抜く。

3 収穫・追肥　5月～8月上旬（収穫）　5月～7月中旬（追肥）

❶高さ10cmほどになったら株元をハサミで切って収穫する。収穫後は土2.5ℓあたり軽くひとつまみ約5gの化成肥料を土の表面にまき。土と軽く混ぜて水やりをする。

❷その後、残した株が15cmほどに育ったら同様に収穫する。

シソ

ーシソ科ー

難易度　やさしい／ふつう／むずかしい

ポイント

- 発芽温度25～30℃なので、タネまきは気温が高くなった時期に行う。
- タネは光を好むので、土はごく薄くかぶせる。
- 摘心して葉を茂らせると収穫量が増える。花が咲く頃には花穂ジソ、穂ジソなども収穫できる。
- 栽培適温は20℃前後。葉は強い日射しにあたると傷むので、夏場の西日にはあてないようにする。

鉢・肥料

5ℓ以上入る鉢を使う。植えつけ後2週間に1回追肥する。

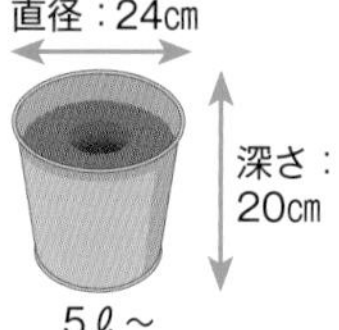

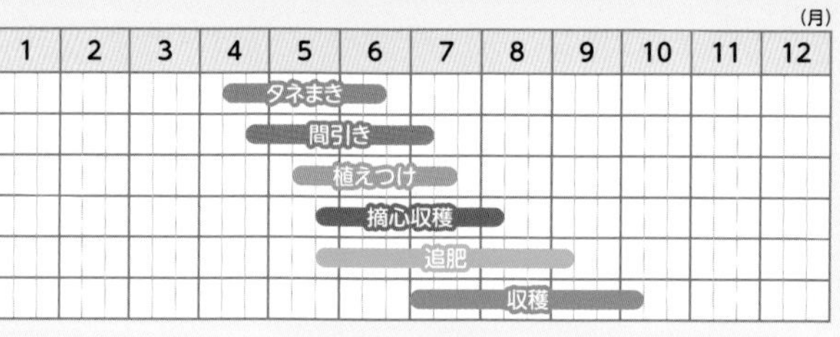

1 タネまき　4月中旬～6月中旬

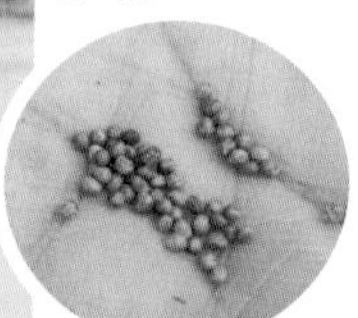

❶軽く窪みを3カ所つけ、それぞれ2～4粒のタネをまく。

❷まいたら指でごく薄く土をかぶせて軽く押さえる。タネが流れないようにやさしく水やりをする。

2 間引き　4月下旬～7月上旬

❶本葉2枚ほど出てきたら、1カ所1株に間引く。

❷本葉4～6枚ほどになったら生育のよい株1株になるように間引く。

3 植えつけ　5月中旬～7月中旬

❶高さ15㎝以上に育ったら植えつける。根鉢を崩さないように苗を取り出し、根鉢と同じ大きさの穴を掘って植えつける。

❷根鉢の表面に土を軽くかぶせ、根と土が密着するように株元を軽く押さえて水やりをする。

4 摘心収穫　5月下旬～8月下旬

植えつけから10日前後、茎が30㎝以上伸びたら、半分ほどの高さに摘心して収穫する。摘心する位置は葉のある節の上で切る。

ポイント

わき芽が伸びるたびに摘心

摘心後葉のある節からはわき芽が伸びる。このわき芽が20㎝前後になったら摘心して葉を茂らせる。

5 追肥　5月下旬～9月上旬

植えつけ10日前後から2週間に1回追肥する。土5ℓあたり軽くひとつまみ約5gの化成肥料を土の表面にまく。土と軽く混ぜて、水やりをする。

6 収穫　7月～10月上旬

❶葉が茂ってきたら必要な分だけ、先端付近の葉を摘み取って収穫する。

❷花の穂が伸びてきたら穂ジソとして利用できる。花穂ジソは、花が3～5割ほど開いたら収穫。穂ジソは花が終わり、下部の実がふくらんできたら収穫する。

スイスチャード
ーアカザ科（ヒユ科）ー

難易度
やさしい
ふつう
むずかしい

ポイント

- 和名はフダンソウ（不断草）といい、名前のとおり長い期間栽培することができる。
- 葉もの野菜が少ない夏でも栽培できる貴重な野菜。

鉢・肥料

5ℓ以上入る鉢を使う。間引き後に1回追肥する。

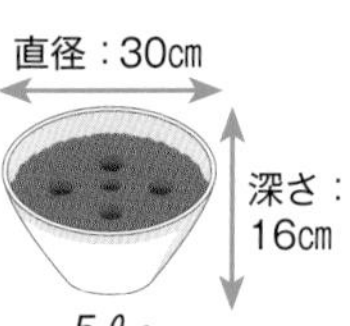

	1	2	3	4	5	6	7	8	9	10	11	12
タネまき				━	━	━	━	━	━			
間引き				━	━	━	━	━	━	━		
追肥				━	━	━	━	━	━	━		
収穫						━	━	━	━	━	━	

1 タネまき　4月～9月

5㎝ほどの間隔をあけて浅い溝をつくる。1カ所2～3粒ずつタネをまき、土をかぶせて軽く押さえ、水やりをする。

2 間引き　4月中旬～10月中旬

発芽したら1カ所2～3株残し、生育の悪いものを間引いていく。

3 追肥　4月下旬～10月中旬

間引き後、1回ほど追肥をする。土5ℓあたり軽くひとつまみ約5ｇの化成肥料を土の表面にまき。土と軽く混ぜて水やりをする。

4 収穫　6月～11月

高さが15～20㎝になったら、株元をハサミで切って収穫する。大株に育てたい場合は、1カ所1株に間引く。サラダには15cm前後の小さな株が向く。

スイートマジョラム
－シソ科－

難易度：やさしい／ふつう

ポイント

- 寒さに強く0℃を下回っても冬越しできるが、霜にあたる前に室内に入れて管理する。
- 葉はオレガノより甘みを含んだやや穏やかな香りがあり、肉料理の臭み消しなどに利用される。

鉢・肥料

3.5ℓ以上入る鉢を使う。植えつけ後1カ月に1～2回追肥する。

直径：20㎝　深さ：18㎝　3.5ℓ～

(月)

作業	1	2	3	4	5	6	7	8	9	10	11	12
タネまき			━	━	━							
間引き				━	━	━						
植えつけ					━	━	━					
収穫					━	━	━	━	━	━		
追肥					━	━	━	━	━	━		

1 タネまき・間引き
3月下旬～5月（タネまき）
4月中旬～6月中旬（間引き）

❶ポットに入れた用土に、3カ所窪みをつけ、それぞれに2～3粒ずつタネをまき、ごく薄く土をかぶせて押さえ、水やりをする。

❷発芽後、本葉が1～2枚ほど出たら、生育のよいものを3～4株残して間引く。

2 植えつけ
5月～7月上旬

高さ10㎝ほどに育ったら植えつける。ポットから根鉢を崩さないように取り出し、苗を植えつけ、水やりをする。

3 収穫
5月中旬～10月

葉が茂りはじめたら、必要な分だけ切って収穫する。大量に収穫する場合は株全体を刈り取って収穫する。

4 追肥
5月下旬～10月上旬

植えつけ後、1カ月に1～2回追肥をする。土3.5ℓあたり軽くひとつまみ約5gの化成肥料を土の表面にまき。土と軽く混ぜて水やりをする。

タイム

—シソ科—

難易度
やさしい
ふつう
むずかしい

ポイント

- タネは光を好むので、土はごく薄くかぶせる。
- 常緑性で、寒さに強く、冬の屋外で管理可能。降雪のある地域では地上部が枯れても翌年芽吹く。
- 香りのある枝葉は魚・肉料理に合う。

鉢・肥料

3.5ℓ以上入る鉢を使う。植えつけ後2～3週間に1回追肥する。

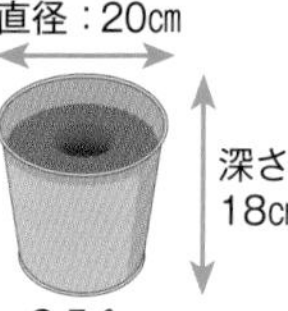

(月)

1	2	3	4	5	6	7	8	9	10	11	12
		タネまき(春)						タネまき(秋)			
		植えつけ(春)					植えつけ(秋)				
					追肥(春・春秋/翌年)						
	追肥(春秋/翌年)					収穫(春)					
			収穫(春秋/翌年)								

1 タネまき 3月中旬～5月・9月～10月上旬

ポットに入れた用土に、1カ所広く浅い窪みをつけ、タネが重ならないようにばらまく。

2 植えつけ 5月中旬～7月上旬・10月～11月上旬

❶枝葉が5～10cmほどになったら、根鉢を崩さないように苗を取り出して植えつける。

❷根鉢に土をかぶせて軽く押さえ、水やりをする。

3 追肥 6月～10月中旬・4月～5月

植えつけ後、2～3週間に1回、土3.5ℓあたり軽くひとつまみ約5gの化成肥料を土の表面にまき。土と軽く混ぜて水やりをする。翌年以降は4月～10月中旬まで追肥する。

4 収穫 7月～11月上旬・4月～11月上旬

枝先が伸びたら、必要な分だけ摘み取る。11月には地上部を刈り取り、冬越しさせる。

チャービル

ーセリ科ー

難易度　やさしい　ふつう

ポイント

- 涼しい気候を好むため、強い日ざし、乾燥を避け、風通しのよい半日陰の場所で育てる。
- 甘くさわやかな香りがあり、白身の魚料理や卵料理に使うほか、料理のつけ合わせなどに利用する。

鉢・肥料

3.5ℓ以上入る鉢を使う。収穫後2週間に1回追肥する。

直径：20㎝
深さ：18㎝
3.5ℓ～

(月)

1	2	3	4	5	6	7	8	9	10	11	12
			タネまき(春)							タネまき(秋)	
				間引き(春)						間引き(秋)	
		植えつけ(春)						植えつけ(秋)			
					収穫(春)				収穫(秋)		
					追肥(春)				追肥(秋)		

1 タネまき・間引き

3月下旬～5月・9月下旬～10月中旬(タネまき)
4月中旬～6月上旬・10月(間引き)

❶ポットに入れた用土に、3カ所窪みをつけ、それぞれ2～3粒ずつタネをまく。

❷本葉が4～5枚になったら、生育の悪いものをハサミで切って間引き、1ポット1株にする。

2 植えつけ

4月下旬～6月中旬・
10月中旬～11月上旬

高さ10㎝前後になったら、根鉢を崩さないように苗を取り出して植えつける。根鉢に土をかぶせて軽く押さえ、水やりをする。

3 収穫

5月中旬～7月・11月～12月上旬

高さ10～15㎝になったら、外葉を切って収穫する。株の中央から葉が次々と伸びてくる。

4 追肥

5月中旬～7月中旬・11月

収穫後、2週間に1回程度、土3.5ℓあたり軽くひとつまみ約5gの化成肥料を土の表面にまき。土と軽く混ぜて水やりをする。

ツルムラサキ

―ツルムラサキ科―

難易度　やさしい／ふつう／むずかしい

ポイント

- 暑さに強く、栽培適温は20～30℃。植えつけは暖かくなってから行う。
- 丈夫で、生育旺盛。育てやすく、収穫もたくさんできる。タネまき後、30日程度から収穫可能。
- つる性なので、支柱を立て、支柱の間にひもを渡す。
- やわらかい先端を収穫して、わき芽を増やす。ぬるっとした食感で葉ものの少ない夏に最適。つぼみも葉と同様に食べられる。

鉢・肥料

13ℓ以上入る鉢を使う。植えつけ後、1カ月に1回追肥する。

(月)

作業	1	2	3	4	5	6	7	8	9	10	11	12
タネまき												
間引き												
植えつけ												
支柱立て												
追肥												
収穫												

1 タネまき　4月下旬～5月

❶ポットに入れた用土に指先で3カ所窪みをつける。それぞれの窪みに1粒ずつタネをまく。

❷土をかぶせて軽く押さえ、たっぷりと水やりをする。

2 間引き　5月～6月上旬

❶本葉が1～2枚出たら間引きをする。

❷生育の悪い株などをハサミで株元から切って間引き、1ポット1株にする。

3 植えつけ 5月下旬～6月

❶高さ10㎝以上に育ったら植えつける。根鉢を崩さないように苗を取り出す。

❷根鉢と同じ大きさの穴を掘って植えつける。根鉢の表面に土を軽くかぶせ、根と土が密着するように株元を軽く押さえて水やりをする。

4 支柱立て 6月～7月上旬

❶植えつけから10日前後、つるが伸びはじめたら支柱を3本立てる。菊鉢や野菜用コンテナなど、支柱を立てて固定できる鉢が使いやすい。

❷支柱の間に20㎝ほどの間隔で数段、水平にひもを渡し、そのひもにつるをからませるようにして誘引する。

5 追肥 6月下旬～9月上旬

植えつけ1カ月前後から、1カ月に1回追肥する。土13ℓあたり軽くひと握り約20gの化成肥料を土の表面にまく。土と軽く混ぜて、水やりをする。

6 収穫 7月中旬～9月

❶つるが伸びてきたら収穫する。手で折れない部分は固く食感が悪いので、先端のやわらかい部分を葉の上で折り取る。

❷収穫後、わき芽が伸びてくるので、同様に先端を折って収穫する。枝数が増えて収穫量が増える。

コラム

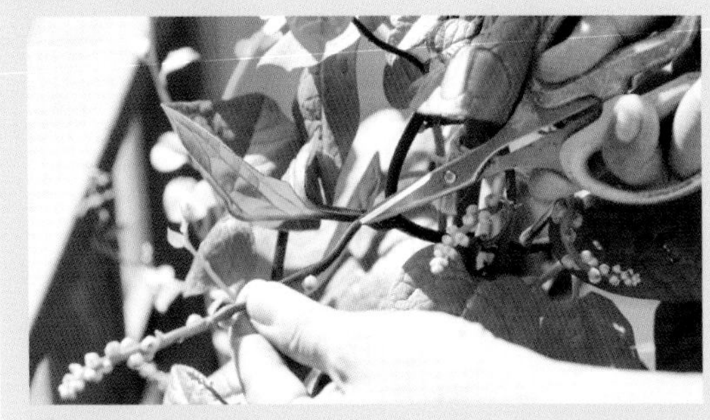

花もおいしい

ツルムラサキは花も食べることができる。花は大きく開くことはないので、つぼみがついてその先端が色づきはじめたら収穫する。タネができはじめると歯ざわりが悪いのでタイミングに注意。おひたしや和え物、炒めものなどに利用する。

ディル

―セリ科―

難易度　やさしい／ふつう／むずかしい

ポイント

- 耐暑性、耐寒性に強いため、栽培しやすい。
- 発芽するには光が必要なため、タネまき後、土はごく薄くかぶせる。
- 香りと甘味があり、魚料理と相性がよい。

鉢・肥料

3.5ℓ以上入る鉢を使う。植えつけ後2週間に1回追肥する。

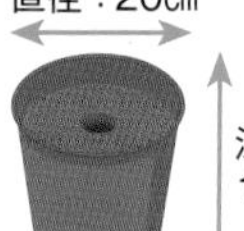

直径：20cm
深さ：18cm
3.5ℓ～

（月）

1	2	3	4	5	6	7	8	9	10	11	12

タネまき(春)　タネまき(秋)
間引き(春)　間引き(秋)
植えつけ(春)　植えつけ(秋)
追肥(春)
追肥(秋)　収穫(春)
収穫(秋/翌年)

1 タネまき・間引き

4月～5月・9月中旬～10月上旬（タネまき）
4月中旬～6月上旬・9月下旬～10月（間引き）

❶ポットに入れた用土に、3カ所窪みをつけ、それぞれ2～3粒ずつタネをまく。

❷本葉が1～2枚出たら、１カ所１株に間引き、3株にする。さらに本葉が2～3枚出たら間引いて1株にする。

2 植えつけ

5月～6月中旬・
10月～11月上旬

高さ10cm以上になったら、根鉢を崩さないように苗を取り出して植えつける。根鉢に土をかぶせて軽く押さえ、水やりをする。

3 追肥

5月下旬～8月中旬・
3月中旬～6月上旬（秋／翌年）

植えつけ後2週間に1回、土3.5ℓあたり軽くひとつまみ約5gの化成肥料を土の表面にまき。土と軽く混ぜて水やりをする。秋まきは様子を見て、必要なら年内に1～2回追肥する。

4 収穫

6月中旬～9月中旬・4月～7月中旬

❶高さ20～30cmを超え、茎葉が茂ったら収穫できる。必要に応じ、茎先の若い茎葉を切って収穫する。

❷花も料理の彩りに利用できるが、花を咲かせると、葉がかたくなるので、葉を利用するなら花は摘み取る方がよい。タネをとる場合は花を残す。

ニラ

ーユリ科（ヒガンバナ科）ー

難易度
やさしい
ふつう

ポイント

- タネまきから2～3年収穫可能。刈り取って収穫することで、年に2～3回収穫できる。
- 過湿に弱いので、排水穴の多いコンテナを選ぶ。

鉢・肥料

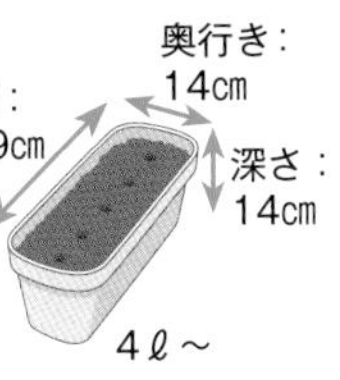

4ℓ以上入る鉢を使う。植えつけ後1カ月に1～2回追肥する。

1	2	3	4	5	6	7	8	9	10	11	12
			タネまき(春)						タネまき(秋)		
						追肥(春)					
									収穫(春)		
								追肥(秋)			
					追肥(春秋/翌年)						
						収穫(春秋/翌年)					

（月）

1 タネまき　3月中旬～4月中旬・9月中旬～10月上旬

❶用土に2～3cm間隔に窪みをつけ、それぞれ3～5粒ずつタネをまく。

❷溝の両端からつまむようにして土を寄せてタネにかぶせ、タネと土が密着するように軽く押さえる。

2 追肥　4月～10月中旬・10月～11月中旬・3月中旬～10月中旬

植えつけ後1カ月に1～2回、土4ℓあたり軽くひとつまみ約5gの化成肥料を土の表面にまき。土と軽く混ぜて水やりをする。

3 収穫　8月下旬～11月上旬・4月～11月上旬

❶高さ20cmほどになったら、株元を3～4cm残してハサミで切って収穫する。春まきでは株を育てるため、1年目の収穫は1～2回程度に抑える。

❷収穫後、前回追肥した肥料が溶けて少なくなっていたら追肥をする。再び20cm前後になったら同じように収穫する。

パクチー（コリアンダー）

—セリ科—

難易度

やさしい
ふつう
むずかしい

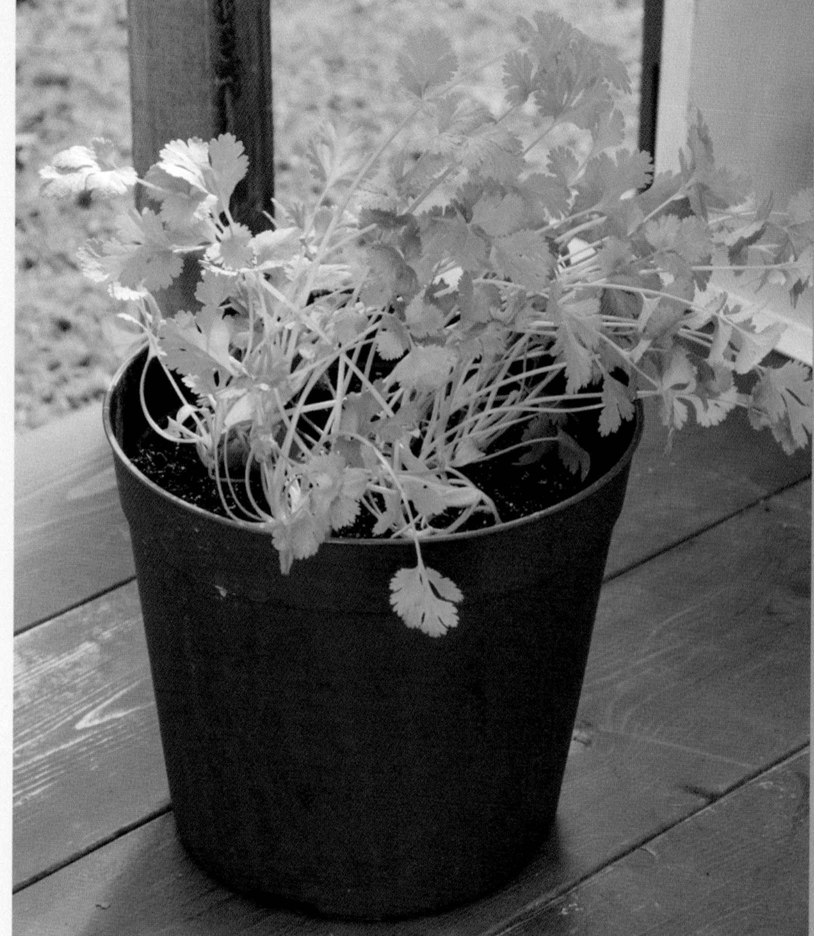

ポイント

- 発芽に時間がかかるが、その後は手がかからない。
- タネまき時、タネをあらかじめ割っておくと発芽がよくなる。
- 水はけのよい場所を好むので、排水穴が多めのコンテナを選ぶ。
- 気温が上がり、株が大きくなると羽毛のような葉が出て、とう立ちしてくる。花やタネを収穫する場合はそのまま残す。

鉢・肥料

3.5ℓ以上入る鉢を使う。植えつけ後1カ月に1〜2回追肥する。

直径：20㎝

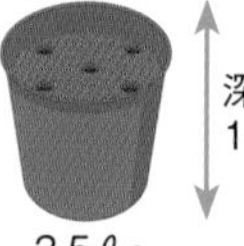

深さ：18㎝

3.5ℓ〜

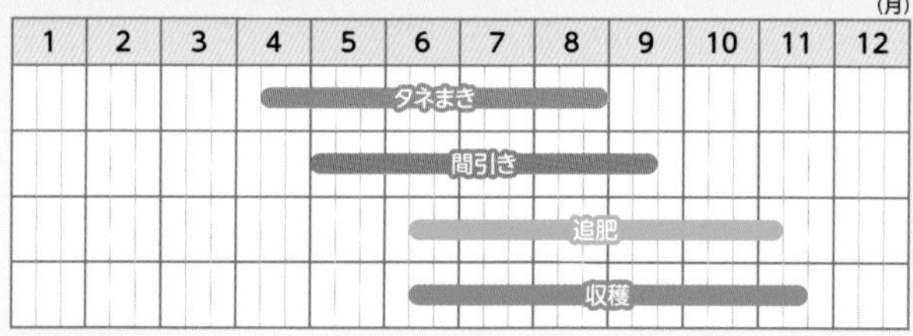

❸タネを軽く押さえ、土をかぶせて軽く押さえる。土とタネが密着するように、たっぷりと水やりをする。

1 タネまき　4月中旬〜8月

❶5㎝ほどの間隔をあけて指先で窪みをつける。

❷殻を割って取り出したタネを、それぞれ2〜4粒ずつまく。

ポイント

タネは取り出す

パクチーのタネは球形で、1粒の中にタネが2つ入っている。基本的にはそのまままいてもよいが、指でつぶして殻を割っておくと発芽しやすい。

❷すべて2～3株残したら間引きの完成。間引いた株は捨てずに料理に利用できる。

❷ 間引き　5月～9月中旬

❶本葉が1～2枚ほど出てきたら間引きを行う。残す株を傷めないように、株元を指で押さえながら間引く株を引き抜き、1カ所2～3株に間引く。

❸ 追肥　6月中旬～11月上旬

❶間引き後、株の状態を見ながら、1カ月に1～2回追肥をする。土3.5ℓあたり軽くひとつまみ約5gの化成肥料を土の表面にまく。

❷土と肥料を軽く混ぜてたら、水やりをする。

❹ 収穫　6月中旬～11月中旬

❶高さ20㎝前後に育ったら、株元からハサミで切って収穫する。

❷葉を利用する場合、とう立ちした茎をわき芽を残して収穫するとよい。

コラム

花もタネも利用する場合

花やタネを利用したいときは、葉を収穫せずにとう立ちさせて花を咲かせる。タネは花後枯れるまで育ててから、先端についたタネを摘み取る。

バジル

ーシソ科ー

難易度

やさしい
ふつう
むずかしい

ポイント

- イタリア料理に欠かせない香りのハーブ。生の状態で使用し、たくさん収穫したら乾燥させて保存可能。
- 乾燥しすぎると葉がかたくなるため、排水穴の多いコンテナを使い、夏場はたっぷりと水やりをする。
- 収穫するときは、摘心して収穫するとわき芽が伸び、枝数が増える。
- 葉の生育に影響を与えるつぼみは、出たら摘み取る。

鉢・肥料

3.5ℓ以上入る鉢を使う。植えつけ後2週間に1回追肥する。

(月)

1	2	3	4	5	6	7	8	9	10	11	12
				タネまき							
					間引き						
					植えつけ						
						摘心収穫					
							追肥				
								収穫			

1 タネまき　4月中旬～6月

❶ポットに入れた用土に3カ所浅めの窪みをつけ、それぞれの窪みに2～3粒ずつタネをまく。

❷タネにごく薄く土をかぶせ、タネと土が密着するように軽く押さえ、たっぷりと水やりをする。

2 間引き　5月～7月中旬

❶本葉が2枚出たら、1回目の間引き。生育の悪いもの、葉が傷んだものなどをハサミで切り取り、1カ所1株にする。

❷本葉が4枚以上になったら、生育の悪い1株をハサミで切り、1ポット2株にする。

3 植えつけ　5月下旬～7月

❶本葉が6枚以上に育ったら、根鉢を崩さないように苗を取り出して植えつける。根鉢の表面に土を軽くかぶせて軽く押さえる。

❷根と土が密着するようにたっぷりと水やりをする。

4 摘心収穫　6月中旬～8月中旬

❶高さが20～30㎝以上になったら、3～4節を残して葉の上で摘心収穫する。

❷摘心後、葉のつけ根からわき芽が伸びて葉が増える。

5 追肥　6月中旬～9月

❶植えつけ10日前後から２週間に1回追肥する。土3.5ℓあたり軽くひとつまみ約5ｇの化成肥料を土の表面にまく。

❷表面の土をほぐしながら、土と肥料を軽く混ぜ、最後にたっぷりと水やりをする。

6 収穫　7月中旬～10月中旬

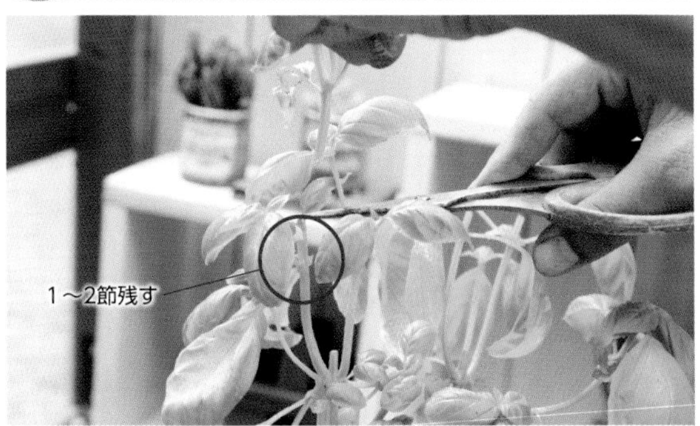

わき芽が伸びたら、先端から収穫する。1～2節残して摘心しながら収穫し、葉を茂らせる。

ポイント

花は摘み取る

葉の収穫を続けるなら、花は早めに摘み取って、茎葉の成長を促す。花は葉と同じように利用したり、天ぷらなどにも利用できる。

パセリ

ーセリ科ー

難易度

やさしい

ふつう

むずかしい

ポイント

●冷涼な気候を好むため、0℃以下でも枯死することなく冬越しできる。真夏には生育が少しおとろえるが、夏越しも可能。

●葉の色が薄くなったら、必要に応じ追肥する。

鉢・肥料

3.5ℓ以上入る鉢を使う。植えつけ後2週間に1回追肥する。

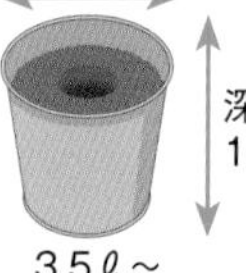

(月)

1	2	3	4	5	6	7	8	9	10	11	12
			タネまき(春)						タネまき(秋)		
				間引き(春)					間引き(秋)		
				植えつけ(春)					植えつけ(秋)		
							追肥(春)				
		追肥(秋)							追肥(秋)		
			収穫(秋/翌年)					収穫(春)			

1 タネまき・間引き

3月～5月・8月中旬～9月中旬(タネまき)
3月下旬～6月中旬・8月下旬～9月(間引き)

❶ポットに入れた用土に、3カ所窪みをつけ、それぞれ2～3粒ずつタネをまく。

❷本葉が1枚出たら間引いて1カ所1株にする。本葉2～3枚出たら間引いて1～2株にする。

2 植えつけ

4月中旬～6月・
9月～10月上旬

本葉が5～6枚以上出たら、根鉢を崩さないように苗を取り出して植えつける。根鉢に土をかぶせて軽く押さえ、水やりをする。

3 追肥

5月～11月上旬・
9月下旬～11月上旬、3月～4月

植えつけ後、2週間に1回、土3.5ℓあたり軽くひとつまみ約5gの化成肥料を土の表面にまき。土と軽く混ぜて水やりをする。

4 収穫

6月中旬～11月・3月中旬～5月中旬

葉の数が10枚以上になったら、外側の葉を摘み取るように収穫する。8～9枚ほど葉を残しておけば株は弱らない。

葉ネギ

―ユリ科（ヒガンバナ科）―

難易度　やさしい／ふつう

ポイント

- 発芽から収穫までやや時間はかかるが、丈夫で育てやすい。夏場はこまめに水やりをする。
- 株元を残して収穫すれば、再び芽が伸びて2～3回収穫できる。収穫後は追肥をする。

鉢・肥料

3.5ℓ以上入る鉢を使う。タネまき後2週間に1回追肥する。

直径：20㎝　深さ：18㎝　3.5ℓ～

（月）

1	2	3	4	5	6	7	8	9	10	11	12
				タネまき							
						追肥					
							収穫				

1 タネまき　3月中旬～8月上旬

❶ポットに入れた用土に、中央に窪みをつけ、窪みを中心に半径5㎝で円を描くように溝をつける。

❷窪みにタネが重ならないようにまく。

2 追肥　4月中旬～9月

タネまきから1カ月後、2週間に1回、土3.5ℓあたり軽くひとつまみ約5gの化成肥料を土の表面にまき。土と軽く混ぜて水やりをする。

3 収穫　6月中旬～10月中旬

❶葉の長さが20㎝前後になったら、株元を2～3㎝ほど残してハサミで切って収穫する。

❷収穫後に追肥をし、再び芽が伸びて2～3回収穫できる。

フェンネル

ーセリ科ー

難易度

やさしい ふつう むずかしい

ポイント

- 株元が大きくなるフローレンスフェンネルがある。
- タネは光を好むので、浅めにまいて薄く土をかぶせる。
- 葉や株元は生のまま利用したり、魚の臭み消しなどにも使われる。

鉢・肥料

7ℓ以上入る鉢を使う。植えつけ後2週間に1回追肥する。

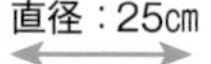

（月）

作業	1	2	3	4	5	6	7	8	9	10	11	12
タネまき				●	●							
間引き				●	●	●						
植えつけ					●	●	●					
追肥					●	●	●	●	●	●		
収穫						●	●	●	●	●		

1 タネまき・間引き

4月～5月中旬（タネまき）
4月下旬～6月中旬（間引き）

❶ポットに入れた用土に、3カ所窪みをつけ、それぞれ1～2粒ずつタネをまく。

❷本葉が2～4枚出たら、生育の悪い株を間引いて1株にする。

2 植えつけ

5月～7月上旬

本葉が5枚以上出たら、根鉢を崩さないように苗を取り出して植えつける。根鉢に土をかぶせて軽く押さえ、水やりをする。

3 追肥

5月下旬～10月上旬

2週間に1回、土7ℓあたりひとつまみ約10gの化成肥料を土の表面にまき。土と軽く混ぜて水やりをする。

4 収穫

6月下旬～10月

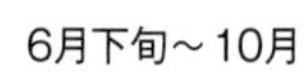

葉を利用する場合は必要な分だけ摘み取り、株元が大きく育つ品種は株ごと収穫する。

ミツバ

—セリ科—

難易度　やさしい／ふつう

ポイント

- 半日陰でもよく育つのでベランダで栽培しやすい。夏の高温や強い光の下では生育が悪くなる。
- タネは多めにまいて、密生させて栽培すると茎がやわらかくなる。

鉢・肥料

4ℓ以上入る鉢を使う。本葉が展開後2週間に1回追肥する。

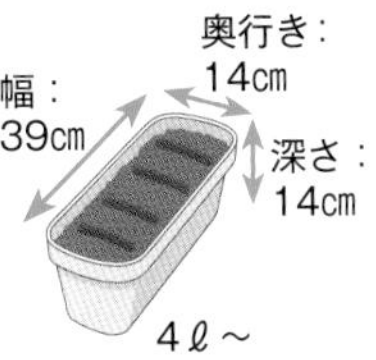

(月)

	1	2	3	4	5	6	7	8	9	10	11	12
タネまき			●	●	●	●	●	●	●	●		
追肥				●	●	●	●	●	●	●		
収穫					●	●	●	●	●	●	●	

1 タネまき　3月～10月上旬

❶5㎝ほどの間隔で浅めに溝をつけていく。

❷溝にタネが重なるように多めにまく。

❸ごく薄く土をかぶせて軽く押さえ、たっぷりと水やりをする。

2 追肥　4月中旬～10月中旬

本葉が2～3枚出たら、2週間に1回、土4ℓあたり軽くひとつまみ約5gの化成肥料を土の表面にまき。土と軽く混ぜて水やりをする。

3 収穫　5月～11月上旬

高さ10㎝前後になったら、株元を2～3㎝ほど残してハサミで切って収穫する。1カ月ほどすれば、再収穫できる。葉が大きくなりすぎると、固くなるのでやわらかいうちに収穫する。

ミント

ーシソ科ー

難易度　やさしい　ふつう　むずかしい

ポイント

- 代表的な品種に「ペパーミント」「スペアミント」がある。どちらも栽培方法は同じ。
- 丈夫で、病害虫もつきにくいので育てやすい。
- 生育旺盛なので、株の生育を見ながら少なめに追肥して栽培する。
- 先端を収穫するとわき芽が伸びて茎葉が茂りやすい。
- 冬に地上部が枯れても、地下の茎や根が越冬するため、春に再び芽が出る。

鉢・肥料

3.5ℓ以上入る鉢を使う。植えつけ後1カ月に1～2回追肥する。

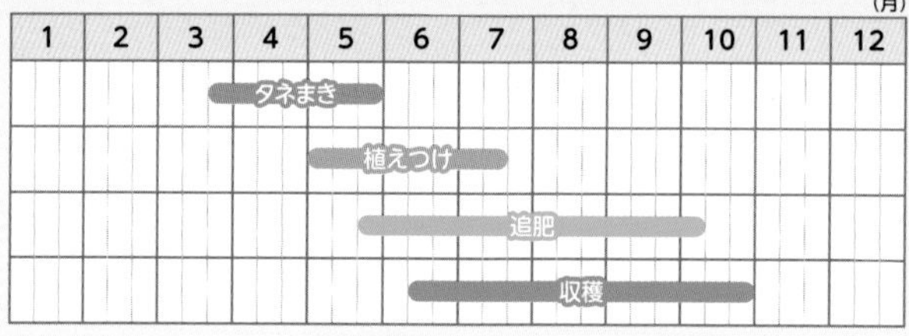

1 タネまき　3月下旬～5月

❶ポットに入れた用土に3カ所浅めの窪みをつけ、それぞれの窪みに2～3粒ずつタネをまく。

❷タネにごく薄く土をかぶせ、タネと土が密着するように軽く押さえ、タネが流れないようにやさしく水やりをする。

2 植えつけ 5月～7月中旬

❶間引かずに育て、茎の長さが10㎝以上に育ったら、根鉢を崩さないように苗を取り出して植えつける。

❷根鉢の表面に土をかぶせて軽く押さえ、たっぷりと水やりをする。

3 追肥 5月下旬～10月上旬

❶植えつけ20日前後から、1カ月に1～2回追肥する。土3.5ℓあたり軽くひとつまみ約5gの化成肥料を土の表面にまく。

❷表面の土をほぐしながら、土と肥料を軽く混ぜ、最後にたっぷりと水やりをする。

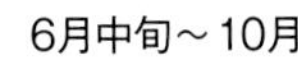

4 収穫 6月中旬～10月

❶株が茂ってきたら、葉をつけたまま茎先を切って収穫する。切った部分の下の節からわき芽が伸びて茎葉がさらに茂り、収穫量が増える。

❷茂りすぎて風通しが悪くなるようなら、株元を2～3㎝残してすべて刈り取る。刈り取り後、茎葉が茂ってきたら再度収穫できる。

モロヘイヤ

ーシナノキ科ー

難易度 やさしい／ふつう／むずかしい

ポイント

- 丈夫で、病害虫もつきにくいので育てやすい。
- 高温を好むため、タネまき、植えつけは十分に暖かくなってから。
- 生育旺盛なので、一定の高さをキープできるように収穫し続ける。
- 収穫するのは、やわらかい先端部分のみ。手で折れない茎の下の部分は固く、すじっぽいため、食べるのはおすすめしない。
- モロヘイヤのタネやサヤには毒があるため、花が咲いたら収穫をやめる。

鉢・肥料

7ℓ以上入る鉢を使う。植えつけ後2週間に1回追肥する。

直径：25㎝

深さ：26㎝

7ℓ～

(月)

1	2	3	4	5	6	7	8	9	10	11	12
				タネまき	タネまき						
				間引き	間引き						
					植えつけ	植えつけ					
					摘心収穫	摘心収穫	摘心収穫				
					追肥	追肥	追肥	追肥	追肥		
						収穫	収穫	収穫	収穫		

1 タネまき 5月～6月下旬

❶ポットに入れた用土に3カ所浅めの窪みをつけ、それぞれの窪みに1粒ずつタネをまく。

❷土をかぶせ、タネと土が密着するように軽く押さえ、水やりをする。

2 間引き 5月下旬～6月

❶本葉が2枚出たら、1回目の間引き。生育の悪いもの、葉が傷んだものなどをハサミで切り取り、2株にする。

❷本葉が4枚以上になったら、生育の悪い1株をハサミで切り、1株にする。

3 植えつけ　6月～7月中旬

❶高さが10cm以上に育ったら、根鉢を崩さないように苗を取り出して植えつける。

❷根鉢の表面に土をかぶせて軽く押さえ、たっぷりと水やりをする。

4 摘心収穫　6月下旬～8月上旬

❶高さが20～30cm以上になったら、3～4節を残して葉の上で摘心収穫する。

❷摘心後、葉のつけ根からわき芽が伸びて葉が増える。

5 追肥　6月下旬～10月上旬

❶植えつけ20日前後から2週間に1回追肥する。土7ℓあたりひとつまみ約10gの化成肥料を土の表面にまく。

❷表面の土をほぐしながら土と肥料を軽く混ぜ、水やりをする。

6 収穫　7月中旬～10月

❶葉が茂ってきたら、先端のやわらかい部分を収穫する。こまめに収穫して高さをキープする。タネには毒があるので、花が咲いたら収穫を終える。

コラム

翌年用のタネをとる

花が育つとさやができる。翌年用のタネをとる場合、さやは枯れるまでつけておき、先端がわずかに開いたら時期にさやごと摘み、タネを取り出す。タネは紙袋に入れ、翌年のタネまきまで冷蔵庫で保存する。

レモングラス

—イネ科—

難易度：やさしい／ふつう／むずかしい

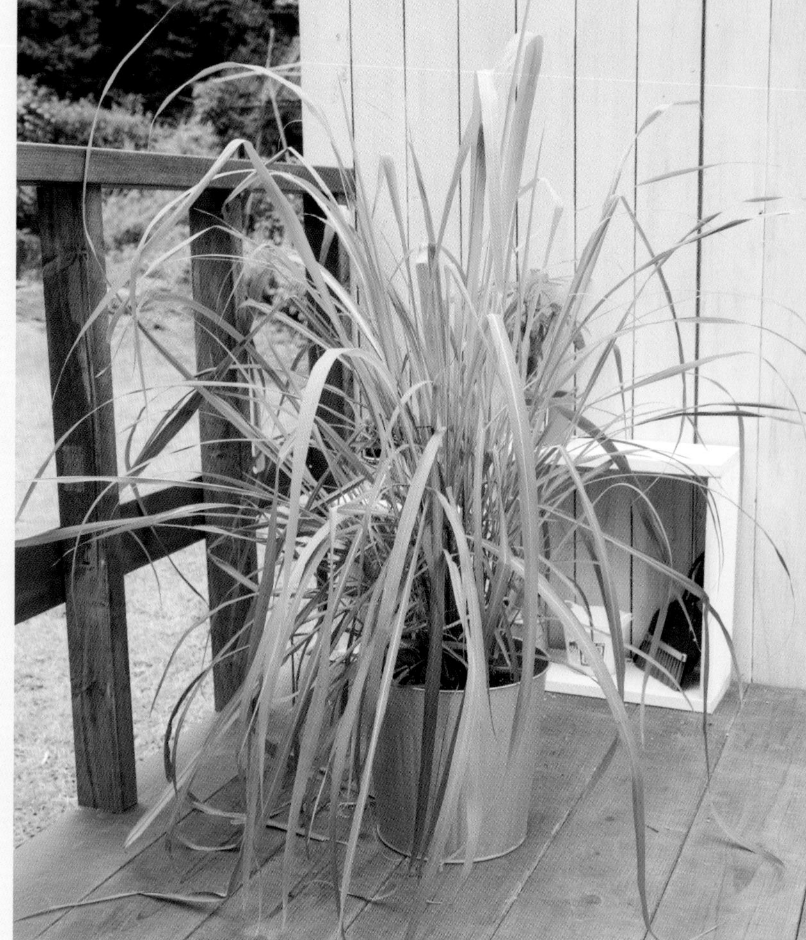

ポイント

- 高温多湿を好むため、タネまき、植えつけは十分に暖かくなってから。
- 葉は、鋭いので作業や収穫の際には手を切らないように注意。
- 冬に地上部が枯れても、翌春にまた芽吹く。一回り大きな鉢に植え替えると年々株が大きくなる。
- レモンの香りのある葉をハーブティーに、株元の太い部分はカレーなどのスパイスに利用される。

鉢・肥料

5ℓ以上入る鉢を使う。植えつけ後1カ月に1回追肥する。

	1	2	3	4	5	6	7	8	9	10	11	12
				タネまき								
					間引き							
							植えつけ					
							追肥					
							縛る					
								収穫				

(月)

1 タネまき　4月～5月中旬

❶ポットに入れた用土に3カ所窪みをつけ、それぞれの窪みに2～3粒ずつタネをまく。

❷土をかぶせ、タネと土が密着するように軽く押さえ、水やりをする。

2 間引き　4月下旬～6月上旬

本葉が2枚出たら、1回目の間引き。生育の悪いもの、葉が傷んだものなどをハサミで切り取り、1カ所1株にする。

3 植えつけ　5月中旬～6月中旬

❶高さが10㎝以上に育ったら、根鉢を崩さないように苗を取り出して植えつける。

❷根鉢の表面に土をかぶせて軽く押さえ、たっぷりと水やりをする。

4 追肥　6月～9月

植えつけ20日前後から1カ月に1～2回追肥する。土5lあたりひとつまみ約10gの化成肥料を土の表面にまく。表面の土をほぐしながら土と肥料を軽く混ぜ、水やりをする。

5 縛る　7月～8月中旬

葉が広がりすぎて邪魔になるようならひもで縛り、コンパクトにする。

6 収穫　7月～10月

葉の長さが80㎝以上に茂ってきたら、必要に応じで株元を2～3㎝残して収穫する。収穫後、夏場なら1週間ほどで中心から新しい芽が出てくる。

新しく伸びた芽

コラム

乾燥して保存

たくさん収穫して使い切れないときは、乾燥させてから保存するとよい。カレーなどに利用する場合は、乾燥させずに株元の太い部分を生のまま利用すると香りがよい。

レモンバーム

ーシソ科ー

難易度　やさしい／ふつう／むずかしい

ポイント

- 低温にも高温にもよく耐えるが、乾燥にはやや弱い。
- タネは光を好むので、土はごく薄くかぶせる。

鉢・肥料

5ℓ以上入る鉢を使う。植えつけ後1カ月に1～2回追肥する。

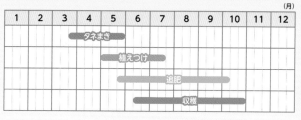

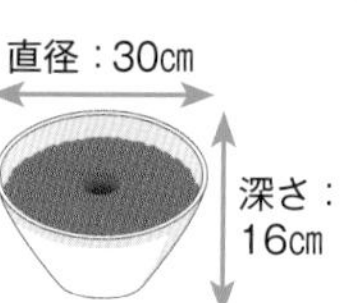

（月）	1	2	3	4	5	6	7	8	9	10	11	12
タネまき			●	●	●							
植えつけ					●	●	●					
追肥					●	●	●	●	●	●		
収穫						●	●	●	●	●		

1 タネまき　3月下旬～5月

ポットに入れた用土に、3カ所浅く窪みをつけ、それぞれ2～3粒ずつタネをまく。ごく薄く土をかぶせ、やさしく水やりをする。

2 植えつけ　5月～7月中旬

高さ10㎝ほどに育ったら、根鉢を崩さないように苗を取り出して植えつける。根鉢に土をかぶせて軽く押さえ、水やりをする。

3 追肥　5月下旬～10月上旬

植えつけ2週間後くらいから1カ月に1～2回追肥する。土5ℓあたり軽くひとつまみ約5gの化成肥料を土の表面にまき、土と軽く混ぜて水やりをする。

4 収穫　6月中旬～10月

葉が茂ってきたら、必要に応じて茎先を収穫する。残った茎からわき芽が増えて長期間収穫できる。

Part 3

春に栽培する 実もの・根もの野菜

トマトなどの人気の野菜は春から栽培をはじめます。葉もの野菜と比べて花が咲いて実がつくまで時間がかかるものが多く、やや難易度が高くなります。また、この時期の根もの野菜はそれほど手がかかりません。

イチゴ

ーバラ科ー

難易度

やさしい / **ふつう** / むずかしい

ポイント

- 苗の植えつけから収穫まで7～8カ月ほどかかる。
- クラウン（短縮茎）を埋めてしまうとよく育たないので、植えつけ時の深植えは厳禁。
- 秋に気温が低下し、日の長さが短くなることで、花芽ができる。このため、植えつけは遅れないように、時期を守る。
- 苗をつくるときは、病気などを受け継ぎやすい、親株の次につく子株を除いたものを利用する。

鉢・肥料

5ℓ以上入る鉢を使う。春から1カ月に1～2回追肥する。

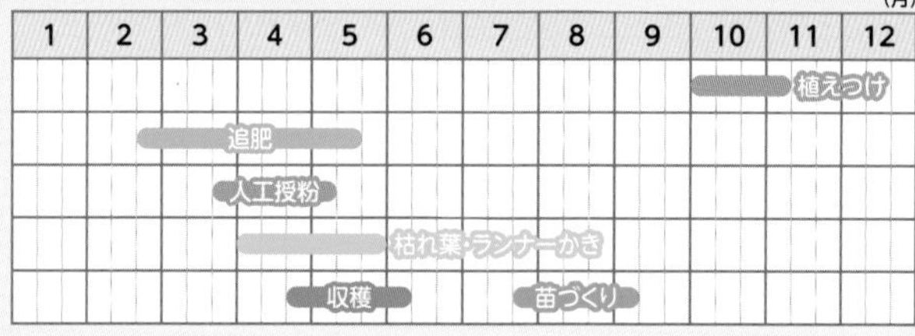

1 植えつけ　10月～11月上旬

❶根鉢を崩さないように取り出して、クラウンが埋まらないようにやや浅めに植えつける。

❷根鉢と土が密着するように、株元を軽く押さえる。ランナーを残しておくと、実がつく方向がわかる。

❸最後にたっぷりと水やりをする。

2 追肥 2月下旬〜5月中旬

❶春になったら、1カ月に1〜2回追肥する。土5ℓあたり軽くひとつまみ約5gの化成肥料を土の表面にまく。表面の土をほぐしながら土と肥料を軽く混ぜ、水やりをする。

3 人工授粉 3月下旬〜5月上旬

気温が上がり、花が咲きはじめた時期から人工授粉を行う。花の中心を筆でまんべんなくなでて花粉をつける。

4 枯れ葉・ランナーかき 4月〜5月

枯れ葉があればつけ根から摘み取る。花の咲きはじめから収穫までは、ランナーも同様に摘み取る。収穫が終わった花がらも同様に摘み取る。

5 収穫 4月下旬〜6月上旬

赤く完熟したものからハサミで切って収穫する。

6 苗づくり 7月下旬〜9月上旬

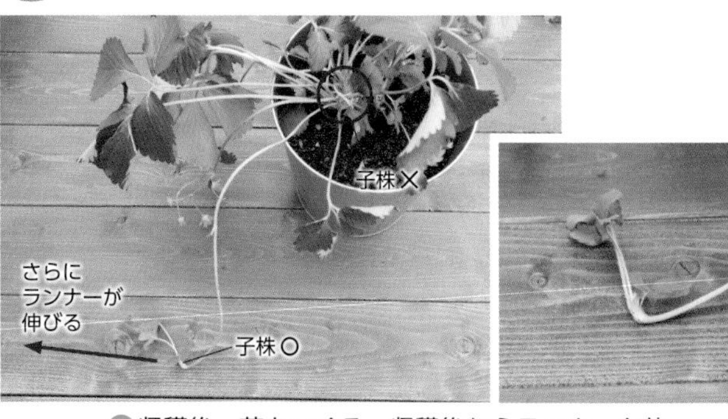

❶収穫後、苗をつくる。収穫後からランナーを伸ばし、枯れ葉や花がらを摘み取る。親株から伸びたランナーにつく子株のうち、2番目以降を利用する。

❷ポットに入れた用土の上に、子株をのせクリップなどで固定する。子株はコンテナに入れて根が張るまで管理する。

❸根がしっかりと張ったら、親株側のランナーを2〜3㎝残して切り、子株側のランナーはつけ根から切り取る。

❹クリップを取ったら完成。植えつけまで育苗する。

エダマメ

ーマメ科ー

難易度 やさしい / **ふつう** / むずかしい

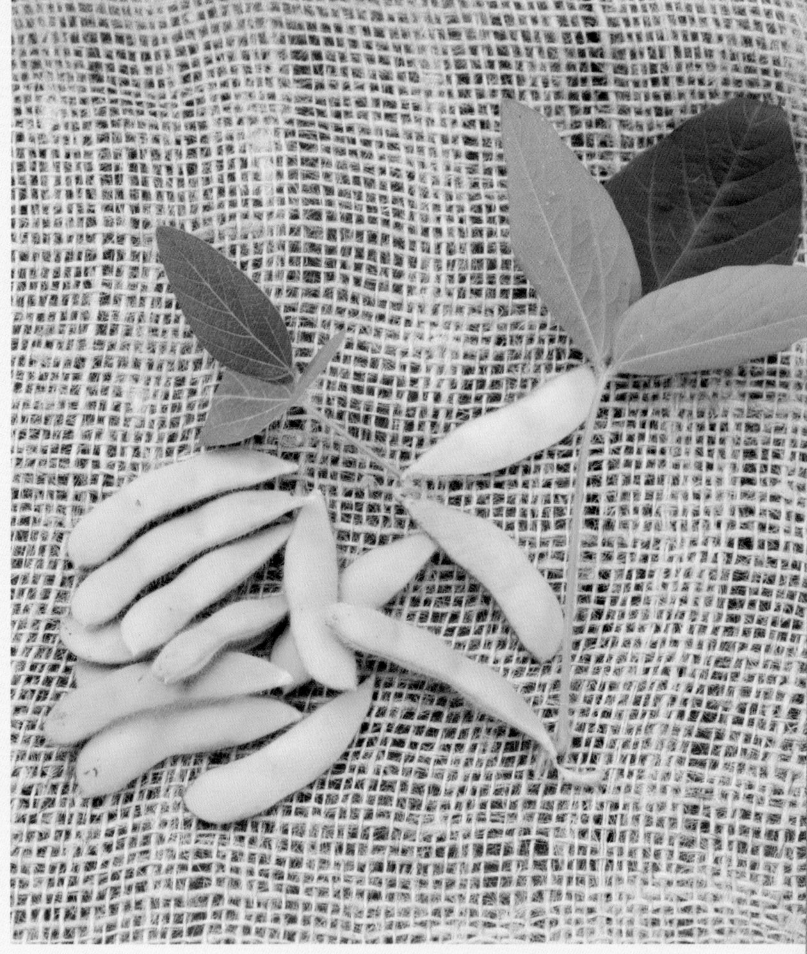

ポイント

- 生育・開花の適温は25〜30℃。早生、中生、晩生があり、栽培時期に合わせた品種を選ぶ。
- タネまき後、葉が出るまでは鳥害を防ぐために、室内で管理するなど、工夫が必要。
- 夏の乾燥で空さやが多くなるので、乾燥時には水やりが欠かせない。
- カメムシの被害が多く見られ、注意が必要。

鉢・肥料

4ℓ以上入る鉢を使う。タネまき後1カ月に1回追肥する。

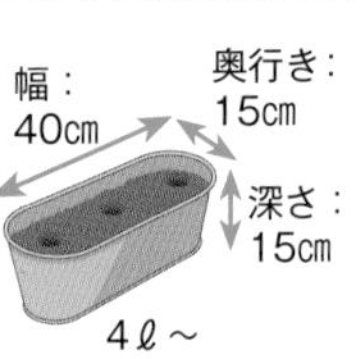

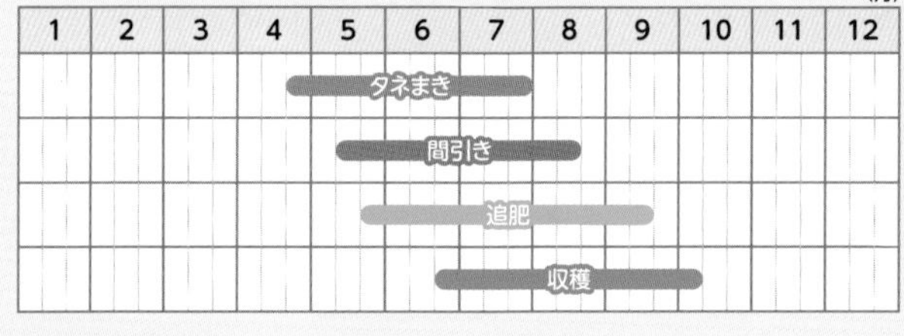

1 タネまき　4月下旬〜7月

❶コンテナに用土を入れ、3カ所窪みをつける。それぞれの窪みに3粒ずつタネをまく。

❷土をかぶせ、タネと土が密着するように軽く押さえ、水やりをする。

ポイント

大きいタネは押さえる

タネを指先で軽く押さえて土と密着させると、発芽しやすくなる。

2 間引き　5月中旬～8月中旬

❶本葉が2～3枚出たら、間引きを行う。

❷生育の悪いもの、葉が傷んだものなどをハサミで切り取り、1カ所2株にする。

3 追肥　5月下旬～9月中旬

❶タネまき1カ月前後から1カ月に1回追肥する。土4ℓあたり軽くひとつまみ約5gの化成肥料を土の表面にまく。

❷表面の土をほぐしながら土と肥料を軽く混ぜ、水やりをする。

4 収穫　6月下旬～10月上旬

上部と下部以外の多くのさやがふくらんでつやが出たら収穫する。株元をしっかりと持って引き抜くか、ハサミで切って収穫する。収穫後はさやをすぐに摘み取り、鮮度のよいうちに食べる。

コラム

根粒菌で肥料いらず？

エダマメなどのマメ科の植物は、根に「根粒菌（こんりゅうきん）」と呼ばれる菌が共生して、生育に必要な窒素を供給してもらっている。このため、肥料をやりすぎると実がつきにくくなるので注意する。

品種とタネまき時期

早生、中生、晩生の品種があり、それぞれ袋で確認してタネまき時期を守る。晩生のものを早くまくと写真のようにつる状になることがある。

オクラ

―アオイ科―

難易度
やさしい
ふつう
むずかしい

ポイント

- 高温と強い日ざしを好み、暑い夏によく育つ。発芽適温は25～30℃、気温が15℃以上になってから植えつける。
- 間引きをせずに、2～3株ずつまとめて栽培すると高さを抑えられる。
- さやが小さいうちに収穫し、その節から1～2枚下の葉をかき取る。
- カメムシの被害が多く見られ、注意が必要。

鉢・肥料

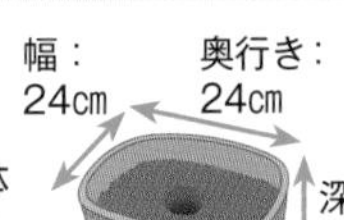

12ℓ以上入る鉢を使う。植えつけ後1カ月に1～2回追肥する。

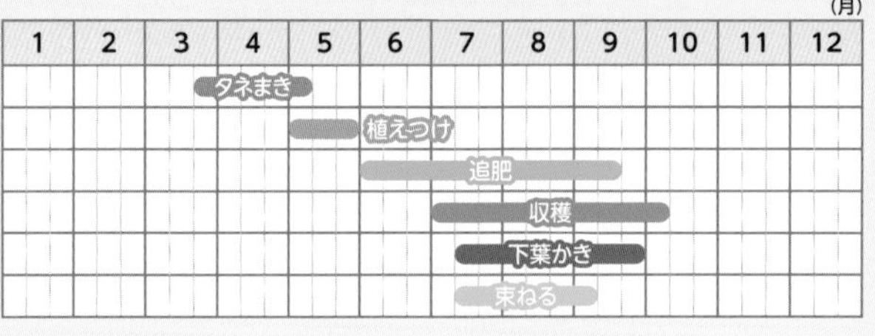

1 タネまき 3月下旬～5月上旬

❶ポットに用土を入れ、3カ所窪みをつける。

❷それぞれの窪みに1粒ずつタネをまき、間引きをせずに育てる。

❸土をかぶせ、タネと土が密着するように軽く押さえ、水やりをする。

2 植えつけ 5月

気温が十分上がり、本葉が4枚以上出たら、根鉢を崩さないように取り出して植えつける。根鉢と土が密着するように株元を軽く押さえ、水やりをする。

3 追肥 6月～9月中旬

植えつけ1カ月前後から1カ月に1～2回追肥する。土12ℓあたり軽くひとつまみ約10gの化成肥料を土の表面にまく。表面の土をほぐしながら土と肥料を軽く混ぜ、水やりをする。

4 収穫 7月～10月上旬

❶花が咲き3～7日ほどで収穫できる。五角オクラは7㎝前後、丸オクラは15㎝前後で収穫する。

❷ハサミで切って収穫する。大きくなりすぎると筋張って固くなるので、早めに収穫する。また、花やつぼみも実と同じように食べられる。

5 下葉かき 7月中旬～9月

収穫するたびに、収穫した節から1～2つ下の葉を残し、摘み取って風通しをよくする。生育が悪いときは節から4～5つ下の葉を残す。

6 束ねる 7月中旬～9月上旬

株が倒れて広がりすぎないように、ひもで束ねておく。株が成長するたびにひもの位置を調整する。

コラム

オクラの水滴

オクラは全体に水滴のようなものがつく。実と同じ粘り成分で害はない。

カボチャ（ミニカボチャ）

―ウリ科―

難易度

やさしい / **ふつう** / むずかしい

ポイント

- 西洋種、ペポ種、日本種の実が小さい品種（ミニカボチャ）を選ぶ。
- 親づる1本残して子づるをすべて摘み取る。
- つるが折れやすいので、無理に誘引しないように注意する。
- つるが折れた場合、完全に折れていなければ、添え木で固定すると復活する。完全に折れていれば、先端の子づるを伸ばす。

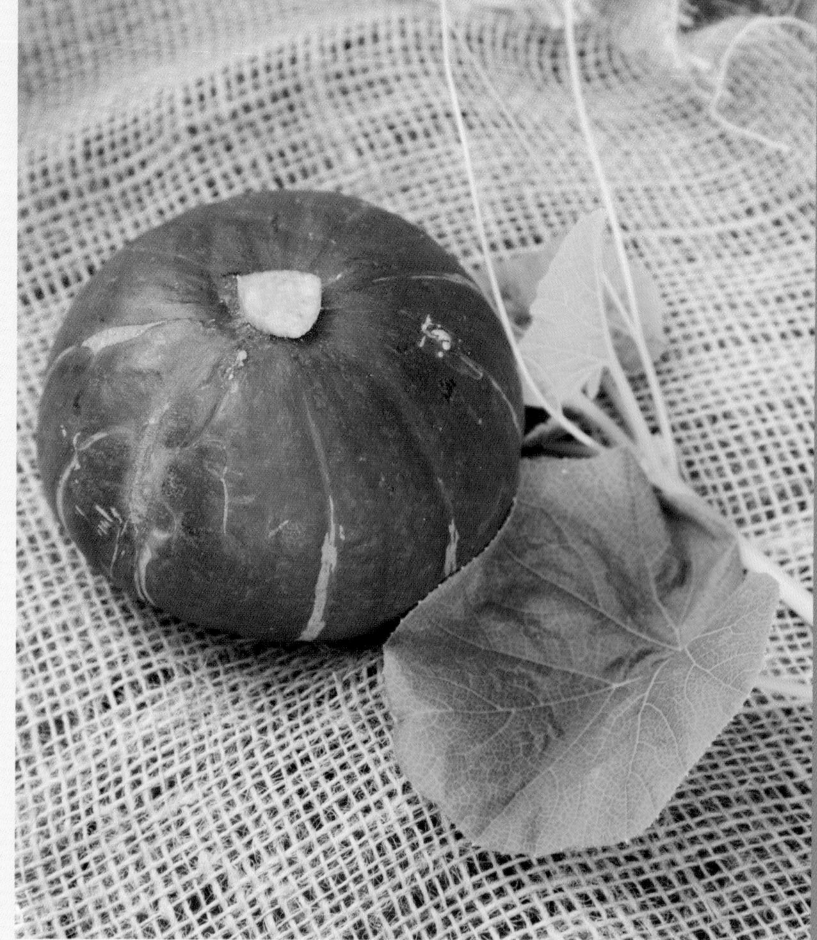

鉢・肥料

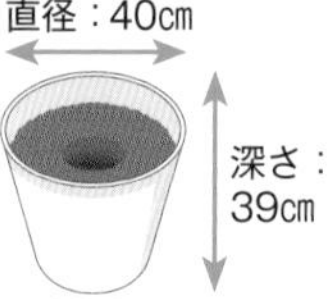

26ℓ以上入る鉢を使う。植えつけ後1カ月に1～2回追肥する。

（月）

1	2	3	4	5	6	7	8	9	10	11	12
				タネまき							
				間引き							
					植えつけ						
		支柱立て/子づる整理				誘引					
					追肥/下葉かき						
				人工授粉		収穫					

1 タネまき　3月下旬～4月

❶ポットに用土を入れ、3カ所窪みをつけ、それぞれの窪みに1粒ずつ、平らな面をつまんでタネをさし込む。

❷土をかぶせ、タネと土が密着するように軽く押さえ、水やりをする。

3 植えつけ　4月下旬～5月中旬

❶気温が十分上がり、本葉が4枚以上出たら、根鉢を崩さないように取り出して植えつける。

❷根鉢と土が密着するように株元を軽く押さえ、水やりをする。

2 間引き　4月中旬～5月上旬

本葉が2～3枚出たら、生育の悪い株を選び、つけ根からハサミで切って１株にする。

❷つるが折れないように、円を描きながら徐々に上に向かうように誘引し、支柱とつるの接点にゆとりをもたせた8の字にひもをかけて固定する。

4 支柱立て　5月～6月上旬

❶つるが伸びはじめたら支柱立てをする。支柱を3カ所、底までしっかりとさして固定する。

5 子づる整理　5月～6月上旬

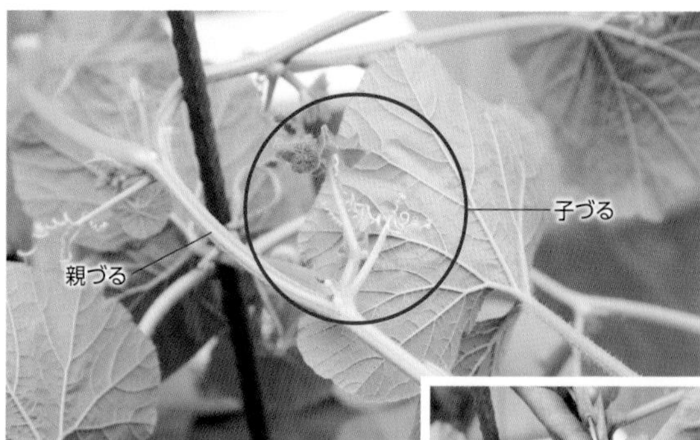

❶支柱を立てたら、葉のわきから出ている子づるをすべて摘み取り、親づる1本に仕立てる。

❷このとき受粉していない実（黄色く変色）があれば摘み取る。

❸すべての子づるを摘み取る。このあと人工授粉する節まで、子づるが出るたびに摘み取る。

6 追肥　5月中旬～7月中旬

植えつけ1カ月前後から1カ月に1～2回追肥する。土26ℓあたりひと握り約30ｇの化成肥料を土の表面にまく。表面の土をほぐしながら土と肥料を軽く混ぜ、水やりをする。

7 下葉かき　5月中旬～7月中旬

株元の葉から古くなって枯れはじめる。枯れた葉は病気の原因になるので、つけ根からハサミで摘み取る。

8 人工授粉 6月

❶収穫時期を判別するため、また、虫が少ない時期や雨が続くときは、晴れた日の朝の開花直後に人工授粉をする。花の下にふくらみのない雄花を摘み取り、花びらを摘み取る。

❷花の下にふくらみのある雌花の雌しべに、雄しべをまんべんなくこすりつけて受粉させる。

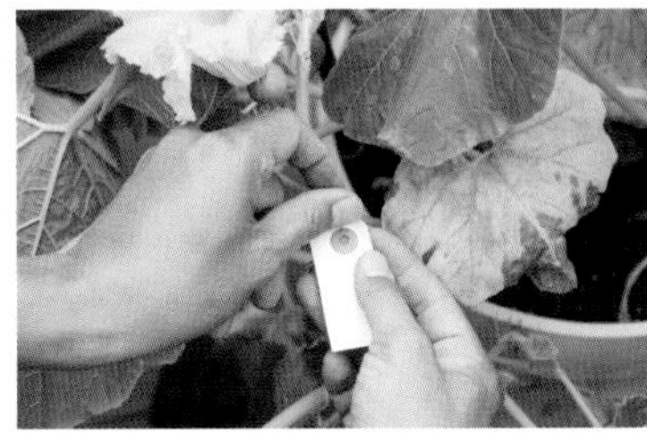

❸受粉日を書いた札を花の近くにつけておけば収穫の目安になる。

9 誘引 6月中旬～7月中旬

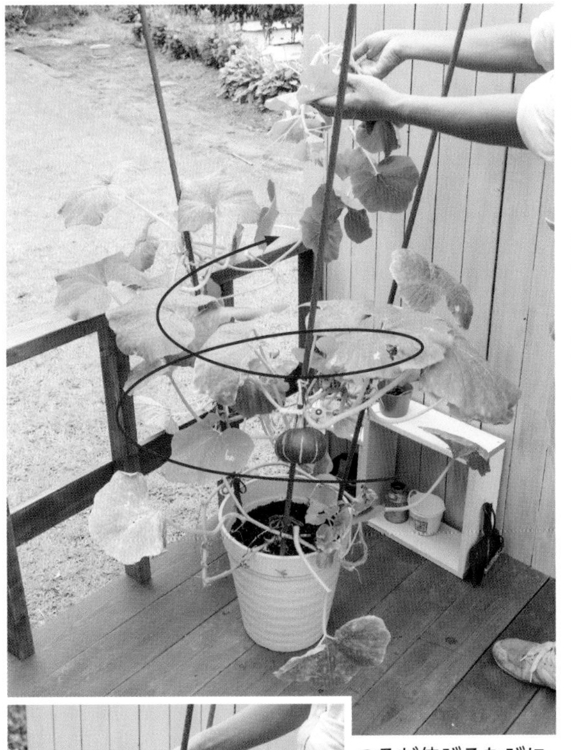

つるが伸びるたびに、つるが支柱全体を回るように誘引していく。このときもつるが折れないように注意して結ぶ。

コラム

つるが折れた場合は

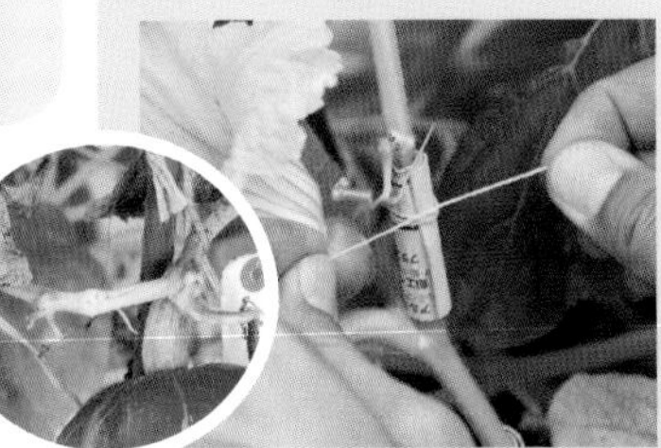

つるが風や誘引で折れてしまったら、厚紙でまっすぐに固定してひもで結ぶと折れた部分が固まる。また、予備として折れた部分のすぐ下の子づるは残しておくとよい。

10 収穫 7月

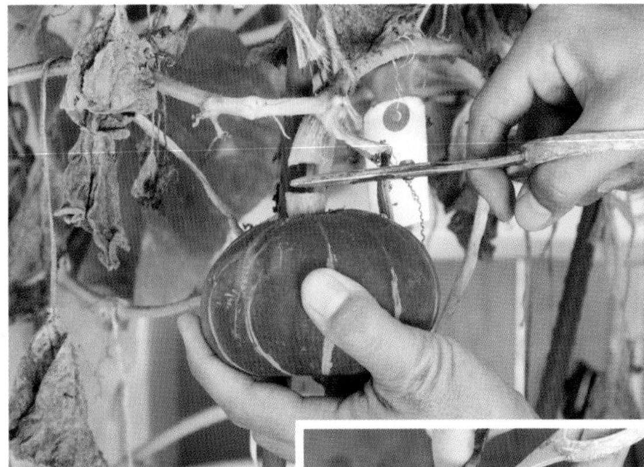

西洋種ではヘタがコルク化したらハサミで切って収穫する。日本種、ペポ種では皮の色やタネ袋の受粉日で収穫時期を確認する。

キュウリ（四葉キュウリ）

ーウリ科ー

難易度

やさしい
ふつう
むずかしい

ポイント

- さまざまな品種があり、適切な長さで収穫する。病害が多いので、できるだけ病気に強い品種を選ぶことが大切。
- 巻きひげが出て支柱やひもに絡んでいくため、伸ばしたい方向以外に伸びた場合、巻きひげを切って誘引し直す。
- 育ちすぎた実は味が落ちる。すぐに大きく育つので、多少小さくても早めに収穫する。

鉢・肥料

26ℓ以上入る鉢を使う。植えつけ後1カ月に1〜2回追肥する。

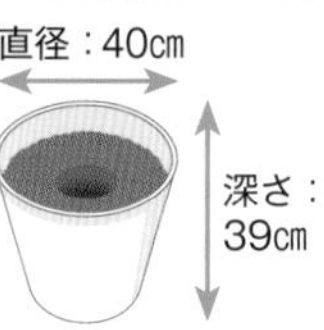

（月）

1	2	3	4	5	6	7	8	9	10	11	12
				タネまき							
				間引き							
		植えつけ					子づる整理/誘引				
	支柱立て/芽かき					摘心					
					追肥/下葉かき						
						収穫					

1 タネまき　3月下旬〜4月中旬

❶ポットに用土を入れ、3カ所窪みをつけ、それぞれの窪みに1粒ずつタネをまく。

❷土をかぶせ、タネと土が密着するように軽く押さえ、水やりをする。

3 植えつけ　4月下旬～5月中旬

❶気温が十分上がり、本葉が5枚以上出たら、根鉢を崩さないように取り出して植えつける。

❷根鉢と土が密着するように株元を軽く押さえ、水やりをする。

2 間引き　4月中旬～5月上旬

❶本葉が1～2枚出たら、生育の悪い株を選び、つけ根からハサミで切って2株にする。

❷本葉が4枚以上になったら、2回目の間引きで1株にする。

4 支柱立て　4月下旬～5月

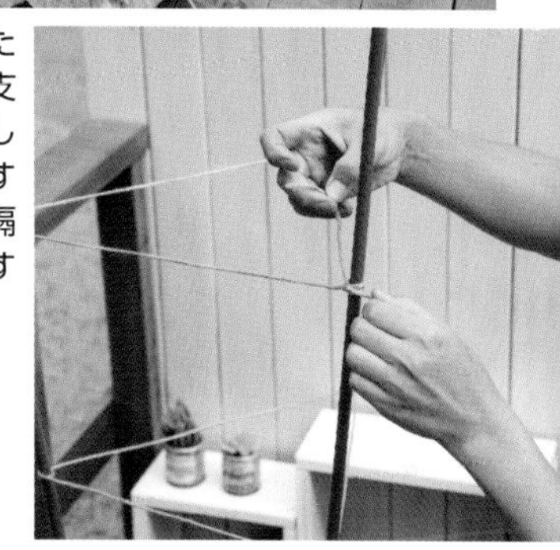

❶つるが伸びはじめたら支柱立てをする。支柱を3カ所、底までしっかりとさして固定する。ひもを30㎝間隔に張って巻きつきやすいようにする。

❷つるが折れないように誘引し、支柱とつるの接点にゆとりをもたせた8の字にひもをかけて固定する。先端はひもに絡ませておく。

5 芽かき　4月下旬～5月

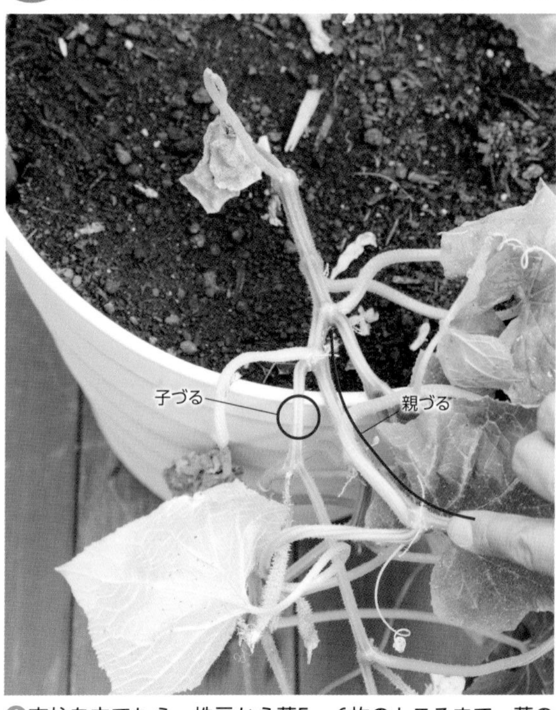

❶支柱を立てたら、株元から葉5～6枚のところまで、葉のつけ根から出る、芽（子づる）や花は手で摘み取る。

❷手やハサミで摘み取る。株元の風通しがよくなり病気の予防になる。

6 追肥　5月～8月上旬

植えつけ10日前後から1カ月に1～2回追肥する。土26ℓあたりひと握り約30ｇの化成肥料を土の表面にまく。表面の土をほぐしながら土と肥料を軽く混ぜ、水やりをする。

7 下葉かき　5月～8月上旬

株元の葉から古くなって枯れはじめる。枯れた葉は病気の原因になるので、つけ根からハサミで摘み取る。傷んだ葉が出るたびに同様の作業をする。

8 子づる整理　5月下旬～7月

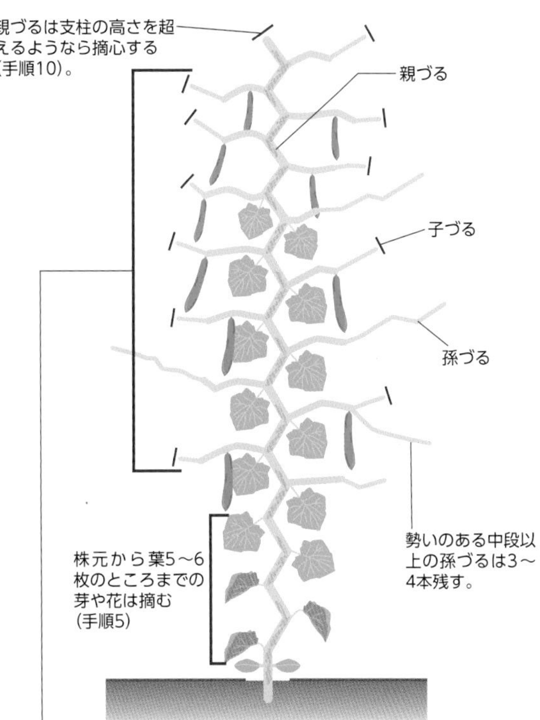
親づるは支柱の高さを超えるようなら摘心する（手順10）。
親づる
子づる
孫づる
勢いのある中段以上の孫づるは3～4本残す。
株元から葉5～6枚のところまでの芽や花は摘む（手順5）

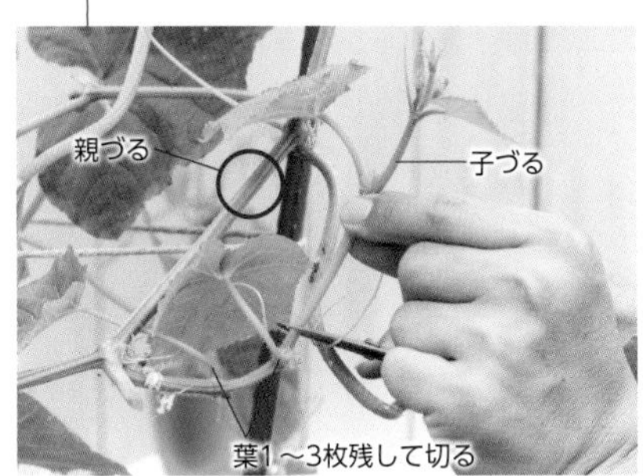
親づる
子づる
葉1～3枚残して切る

子づるは、葉1～3枚を残して摘み取る。

9 誘引　5月下旬～7月

意図しない方向につるが伸びたら、巻きひげを切って、ひもに絡ませて誘引する。このときもつるが折れないように注意して結ぶ。

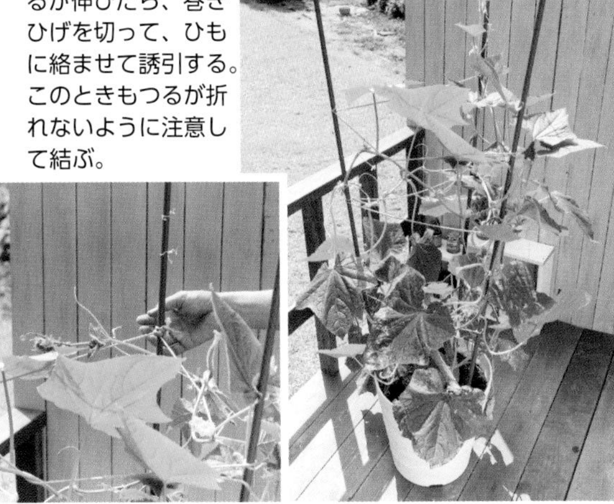

10 摘心　6月下旬～7月中旬

親づるが支柱よりも高くなるようなら、先端を摘み取る摘心をする。傷口が乾くように晴れた日の午前中に行う。

11 収穫　6月～8月中旬

品種によって実の長さが違うが、一般的な品種は長さ20㎝ほどで収穫する。写真の品種はとげが多く、30㎝ほどの長さに育つ「四葉キュウリ」。

コラム

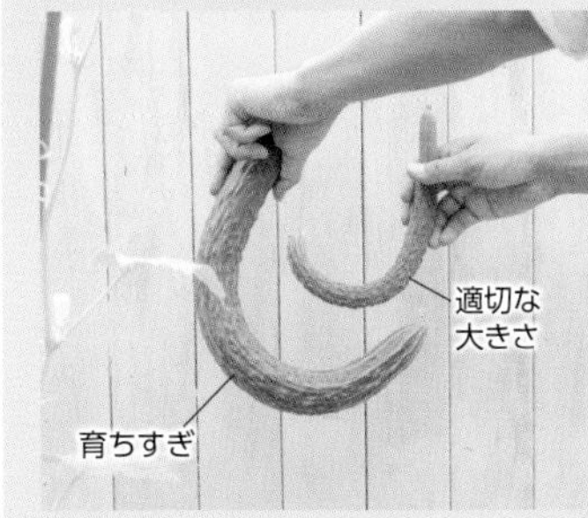
適切な大きさ
育ちすぎ

大きく育ちすぎると味が落ちる

キュウリは半日ほどで大きくなるので取り忘れに注意する。育ちすぎると味や食感が落ちてしまうため、適切な大きさより小さめでも収穫するようにする。

ゴーヤー(ニガウリ)

―ウリ科―

難易度

やさしい / ふつう / むずかしい

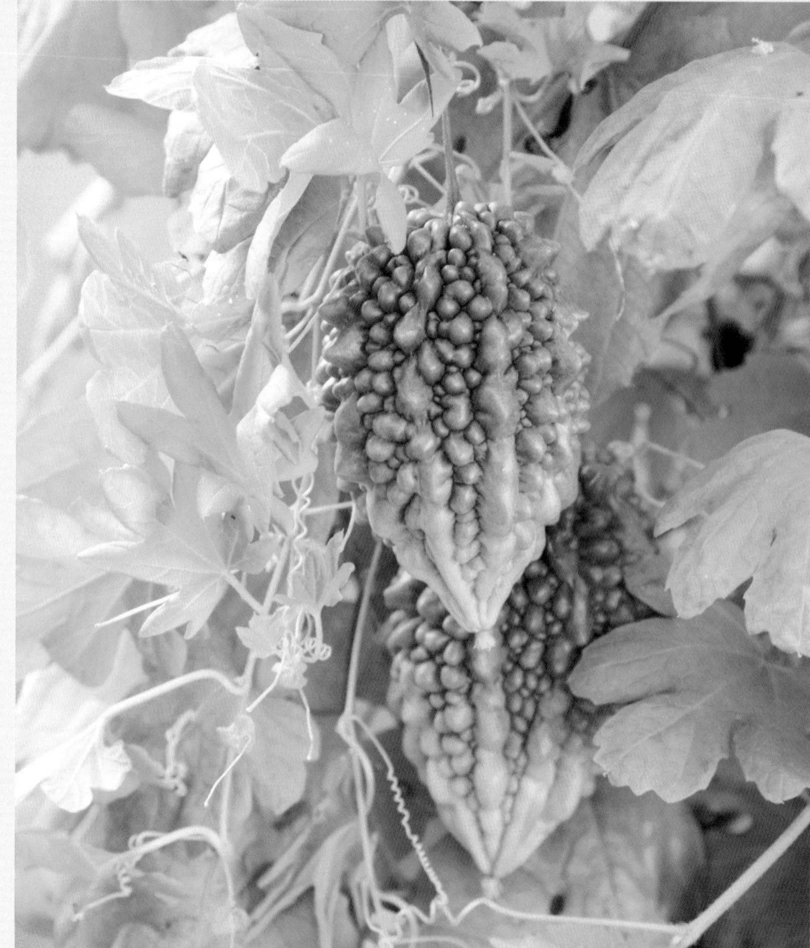

ポイント

- 病害虫に強く、栽培は容易。
- 水はけのよい底穴の多いコンテナを使用する。
- 耐暑性が高く、高温になってくると雌花が増える。
- 気温の上昇とともに、次々と実ができるので取り逃がさないように注意する。実につやが出てきたら緑色の未熟なうちに収穫する。取り逃すとオレンジ色に熟して裂け、タネが出てくる。

鉢・肥料

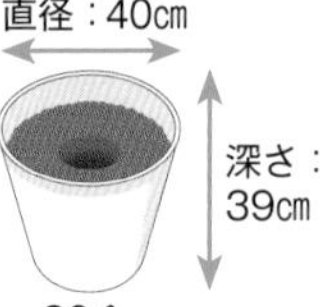

26ℓ以上入る鉢を使う。植えつけ後1カ月に1～2回追肥する。

(月)

1	2	3	4	5	6	7	8	9	10	11	12
		タネまき									
			間引き								
				植えつけ							
				支柱立て/子づる整理							
					追肥/誘引						
						収穫					

1 タネまき　3月下旬～4月

❶ポットに用土を入れ、3カ所窪みをつけ、それぞれの窪みに1粒ずつタネをまく。

❷土をかぶせ、タネと土が密着するように軽く押さえ、水やりをする。

2 間引き　4月中旬～5月中旬

本葉が5枚以上になったら、生育の悪い株を選び、つけ根からハサミで切って1株にする。

3 植えつけ　5月～6月上旬

❶気温が十分上がり、本葉が6枚以上出たら、根鉢を崩さないように取り出して植えつける。

❷根鉢と土が密着するように株元を軽く押さえ、水やりをする。

4 支柱立て　5月中旬～6月中旬

❶つるが伸びはじめたら支柱立てをする。支柱を3カ所、底までしっかりとさして固定する。ひもを30㎝間隔に張って巻きつきやすいようにする。

❷支柱とつるの接点にゆとりをもたせた8の字にひもをかけて固定する。先端はひもに絡ませておく。

5 子づる整理　5月中旬～6月中旬

❷ハサミでつけ根から摘み取る。株元の風通しがよくなり病気の予防になる。

❶株元から葉5～6枚のところまでの葉のつけ根から出る子づるは摘み取る。

6 追肥　6月～9月上旬

❶植えつけ10日前後から1カ月に1～2回追肥する。土26ℓあたり軽くひと握り約20gの化成肥料を土の表面にまく。

❷表面の土をほぐしながら土と肥料を軽く混ぜ、水やりをする。

❷すべてのつるを同様に作業し、つるが伸びるたびに繰り返す。放置するとコンテナを覆うほど茂るので注意する。

7 誘引　6月～9月上旬

❶気温の上昇とともに、つるや葉が茂ってくる。垂れ下がったつるは、上へと誘引してひもに絡ませる。

完熟するとオレンジ色に

実は完熟するとオレンジに色になって割れ、真っ赤なゼリー状のもので覆われたタネが出る。完熟した実は、苦味が少なくなり食べられる。赤いゼリー状の部分も甘みがあり食べられる。

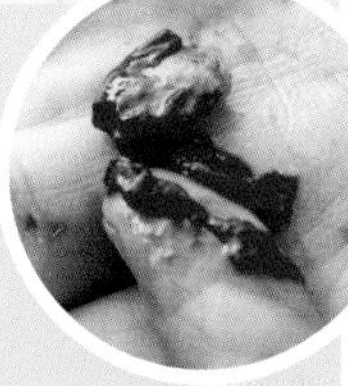

8 収穫　7月中旬～9月

各品種の収穫適期とされる実の長さになったら、緑色の未熟なうちに収穫する。表面の凹凸が大きくなり、つやが出たらハサミで切って収穫する。実が緑色なので、支柱の内側の実を取り忘れないように注意する。

サヤインゲン（つるあり）

— マメ科 —

難易度：やさしい／ふつう／むずかしい

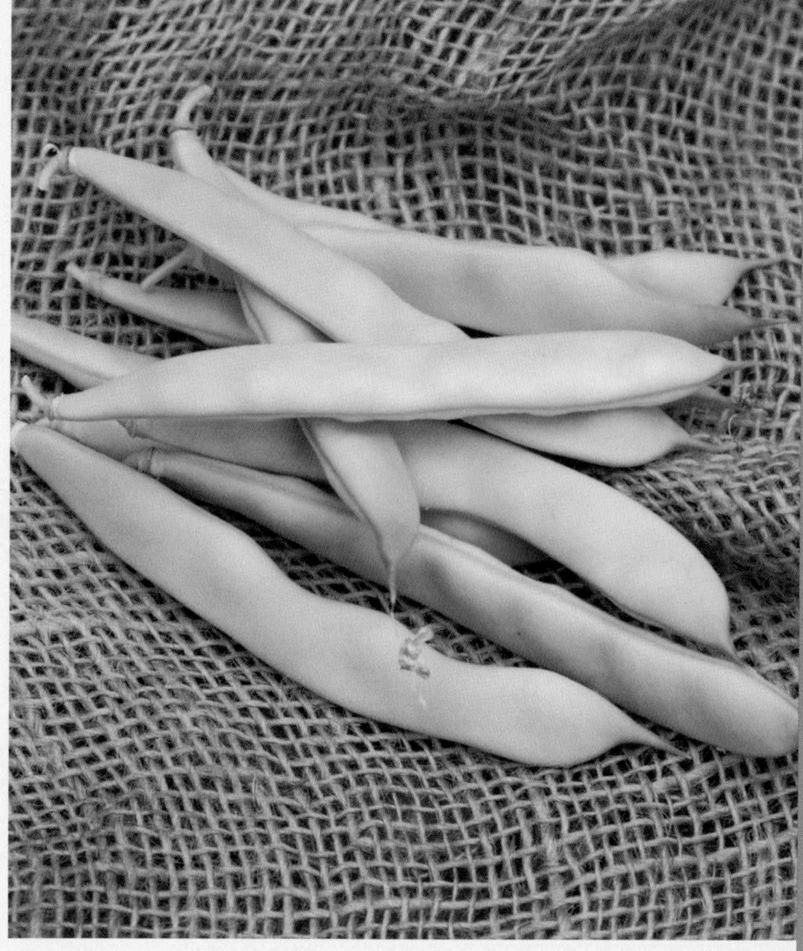

ポイント

- 栽培適温は20℃前後、25〜30℃以上だと花が落ちやすい。
- 夏場の土が乾燥する時期にはたっぷりと水やりをする。
- つるあり種とつるなし種があり、支柱立て以外栽培方法は同じ。つるありのほうが収穫期間が長い。
- 肥料が多すぎると実がつきにくくなるので控えめにする。

鉢・肥料

5ℓ以上入る鉢を使う。タネまき後1カ月に1〜2回追肥する。

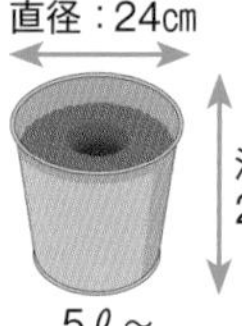

（月）

1	2	3	4	5	6	7	8	9	10	11	12
			タネまき	タネまき							
				支柱立て	支柱立て	支柱立て					
				追肥	追肥	追肥					
					収穫	収穫	収穫				

1 タネまき　4月中旬〜5月中旬

❶タネの厚さの2倍ほどの深さに窪みをつけ、タネが重ならないように3粒のタネをまく。まいたら指で軽く押して土と密着させる。

❷土をかぶせて軽く押さえ、たっぷりと水やりをする。発芽するまでは暖かい場所に置き、土の表面が乾いたら水やりをする。

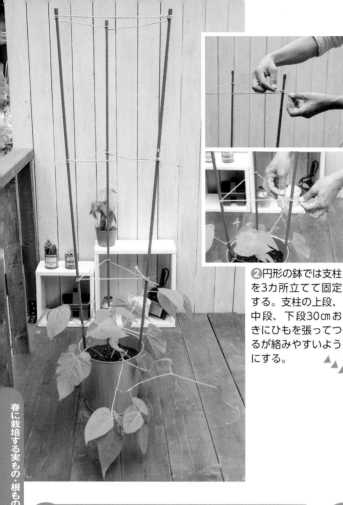

2 支柱立て 5月下旬～6月中旬

❶つるが伸びはじめたら支柱立てをする。

❷円形の鉢では支柱を3カ所立てて固定する。支柱の上段、中段、下段30㎝おきにひもを張ってつるが絡みやすいようにする。

❸伸びたつるをひもや支柱に絡ませ、つるが伸びるたびに同様に作業する。

4 収穫 6月下旬～8月上旬

❶タネ袋に記載された大きさくらいに育ったら収穫する。

❷ヘタの部分をハサミで切って収穫する。大きくなりすぎると食味が落ちるので、早めに収穫する。

3 追肥 5月下旬～7月

❶株が成長しはじめたら、1カ月に1～2回追肥する。土5ℓあたり軽くひとつまみ約5ｇの化成肥料を土の表面にまく。表面の土をほぐしながら土と肥料を軽く混ぜ、水やりをする。

❷開花後からは株の様子を見ながら、追肥の回数を2週間に1回程度にやや増やす。

シシトウ

ーナス科ー

難易度
やさしい
ふつう
むずかしい

ポイント

- 日本在来の甘トウガラシ。タネまきは時間がかかるので、はじめは苗から栽培するのもおすすめ。
- 生育適温が25～30℃と高く、栽培は十分気温が上がってからはじめる。
- 環境やストレスなどで辛味のある実ができることが多い。
- 株は大きく育つので、たくさんの用土が入る大きめのコンテナで育てるのがおすすめ。

鉢・肥料

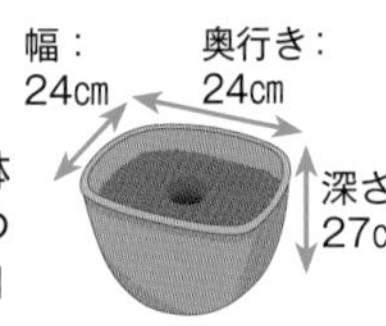

12ℓ以上入る鉢を使う。植えつけ後1カ月に1～2回追肥する。

(月)

1	2	3	4	5	6	7	8	9	10	11	12
		タネまき									
			間引き								
					植えつけ						
						芽かき/支柱立て					
							追肥				
							収穫				

1 タネまき 2月下旬～4月

❶ポットに用土を入れ、3カ所窪みをつける。それぞれの窪みに1粒ずつタネをまく。

❷土をかぶせ、タネと土が密着するように軽く押さえ、水やりをする。

2 間引き 3月下旬～5月中旬

タネまきから20日前後、本葉が4枚ほど出たら生育の悪い株を選び、つけ根からハサミで切って１株にする。

3 植えつけ 5月

気温が十分上がり、本葉が6枚以上出たら、根鉢を崩さないように取り出して植えつける。根鉢と土が密着するように株元を軽く押さえ、水やりをする。

4 芽かき・支柱立て 5月～6月中旬

植えつけ後に支柱を1本立て、ゆるめの8の字で結ぶ。一番花（果）のついた部分から下のわき芽はすべて摘み取り、風通しをよくする。芽かきした部分からまた芽が出てきたら取り除く。

5 追肥 6月～10月中旬

❶植えつけ1カ月前後から1カ月に1～2回追肥する。土12ℓあたりひとつまみ約10ｇの化成肥料を土の表面にまく。

❷表面の土をほぐしながら土と肥料を軽く混ぜ、水やりをする。

6 収穫 6月～10月

実のつきはじめは枝葉を茂らせるために、小さいうちに収穫する。気温が高くなり株が充実すると次々に実ができるので、長さ6㎝前後で収穫する。取り忘れがないように注意。

コラム

完熟すると赤くなる

シシトウは未熟なまま収穫するため通常緑色。完熟した実は赤く、甘くなるが株が疲れるので早めの収穫を心がける。

島トウガラシ

ーナス科ー

難易度

やさしい
ふつう
むずかしい

ポイント

- 株が大きく育つため、大きめのコンテナを使用する。
- 発芽適温が25～30℃と高いため、タネまきでは温度管理が必要。
- 生育適温は10～40℃。植えつけは十分気温が高くなってから。盛夏を迎えると一気に育つ。
- 実はとても辛いため、手袋をして収穫するか、収穫後に手をよく洗う。
- 夏には乾燥を防ぐために水やりを欠かさない。

鉢・肥料

17ℓ以上入る鉢を使う。植えつけ後2週間に1回追肥する。

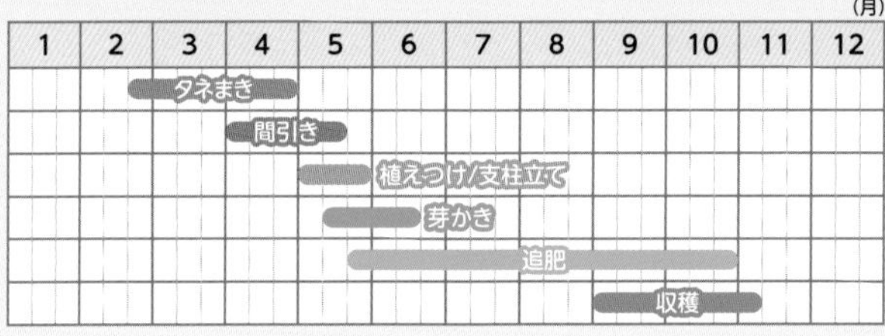

(月)

タネまき	2月下旬～4月
間引き	4月～5月中旬
植えつけ/支柱立て	5月～
芽かき	5月～
追肥	5月～10月
収穫	9月～11月

1 タネまき 2月下旬～4月

❶ポットに用土を入れ、3カ所窪みをつける。それぞれの窪みに1粒ずつタネをまく。

❷土をかぶせ、タネと土が密着するように軽く押さえ、水やりをする。

2 間引き 4月～5月中旬

タネまきから1カ月前後、本葉が4枚以上出たら生育の悪い株を選び、つけ根からハサミで切って1株にする。

3 植えつけ 5月

気温が十分上がり、本葉が6枚以上出たら、根鉢を崩さないように取り出して植えつける。根鉢と土が密着するように株元を軽く押さえ、水やりをする。

4 支柱立て 5月

❶植えつけ後に支柱を1本立て、ゆるめの8の字で結ぶ。

❷株が成長したら、30㎝間隔で同じように支柱に結ぶ。

5 芽かき 5月中旬～6月中旬

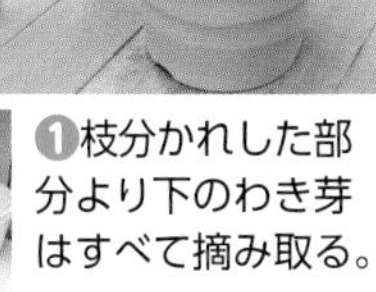

❶枝分かれした部分より下のわき芽はすべて摘み取る。

❷芽かきをすることで風通しがよくなる。芽かきをした場所から、再度わき芽が出てきたら摘み取る。

6 追肥 5月下旬～10月

植えつけ10日後あたりから2週間に1回追肥する。土17ℓあたり軽くひと握り約20ｇの化成肥料を土の表面にまく。表面の土をほぐしながら土と肥料を軽く混ぜ、水やりをする。

7 収穫 9月～11月上旬

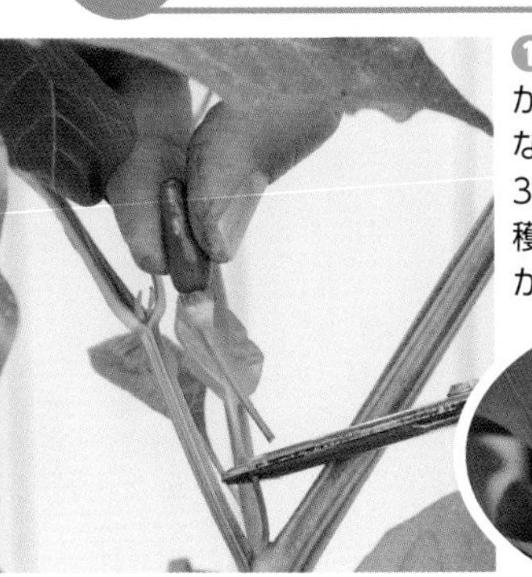

❶気温が高くなり株が充実してから実ができる。完熟して赤くなった実を収穫する。実は2～3㎝ほど。未熟な実も同様に収穫できる。収穫時に手袋をするか、収穫後に手をよく洗う。

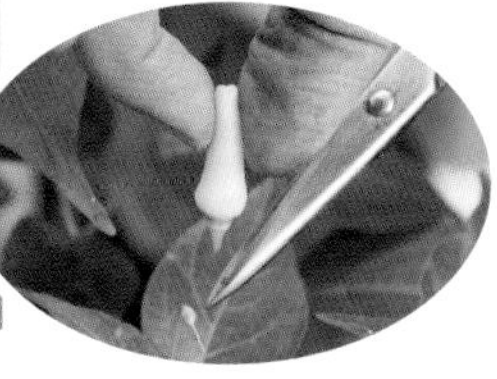

❷完熟・未熟な実どちらも辛いので注意。酢や泡盛につけて調味料とする。激辛を楽しむなら、生のまま調理する。

スイカ（小玉スイカ）

ーウリ科ー

難易度　やさしい／ふつう／むずかしい

ポイント

- 発芽適温が25～30℃、生育適温が25℃前後と高いため、気温の影響を受けやすい。
- つるがよく伸び枝葉を茂らせるため、容量の大きいコンテナを選ぶ。
- 受粉から35日前後で収穫。コンテナでは、株全体で1～2個のみ実をつけさせる。
- 肥料が多いとつると葉だけが伸びやすくなるので、少なめに与えながら育てる。

鉢・肥料

28ℓ以上入る鉢を使う。植えつけ後1カ月に1～2回追肥する。

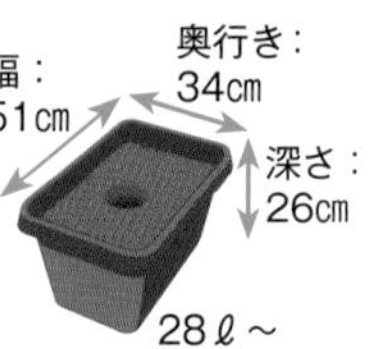

（月）

1	2	3	4	5	6	7	8	9	10	11	12
		タネまき									
			間引き								
		植えつけ				人工授粉					
		摘心/支柱立て					孫づる整理/誘引/実の吊り下げ				
					追肥						
						収穫					

1 タネまき　3月中旬～4月

❶ポットに用土を入れ、3カ所窪みをつけそれぞれの窪みに1粒ずつタネをまく。

❷土をかぶせ、タネと土が密着するように軽く押さえ、水やりをする。

2 間引き　4月中旬～5月中旬

本葉が3～5枚ほど出たら、生育の悪い株を選び、つけ根からハサミで切って1株にする。

3 植えつけ　5月

❶気温が十分上がり、本葉が6枚以上出たら、根鉢を崩さないように取り出して植えつける。

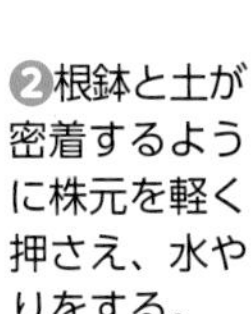

❷根鉢と土が密着するように株元を軽く押さえ、水やりをする。

4 摘心　5月中旬～6月上旬

植えつけ後、本葉を5枚残して、親づるを摘心して子づるを伸ばす。子づるが伸びてきたら支柱に誘引する。

5 支柱立て　5月中旬～6月上旬

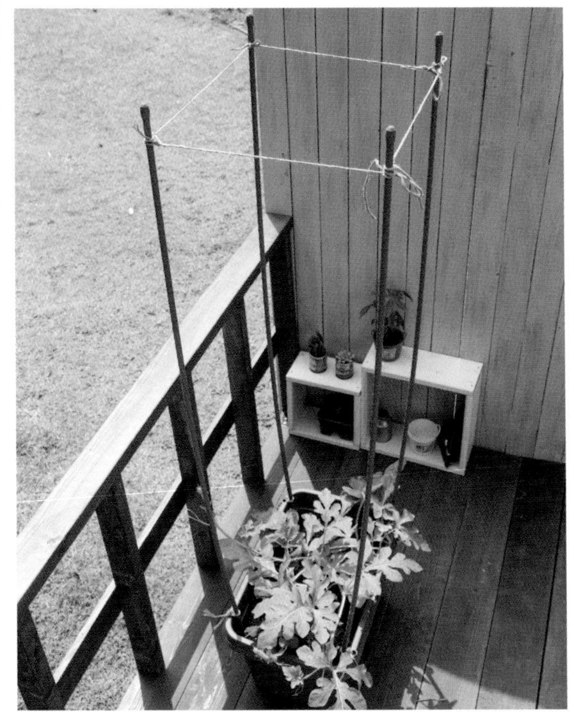

つるが伸びはじめたら、四隅に支柱を立てて固定する。支柱上部が開かないように、ひもで結わえて固定する。つるは勢いのある4本を選んでほかは摘み取り、それぞれ支柱に誘引する。

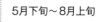

❻ 追肥　5月下旬～8月上旬

❶植えつけ20日前後から1カ月に1～2回追肥する。土28ℓあたり軽くひと握り約20ｇの化成肥料を土の表面にまく。

❷表面の土をほぐしながら土と肥料を軽く混ぜ、水やりをする。株の様子を見ながら少なめに追肥する。

❼ 人工授粉　6月

❶収穫時期を判別するため、晴れた日の朝の開花直後に人工授粉をする。花の下にふくらみのない雄花を摘み取り、花びらを取る。

❷花の下にふくらみのある雌花の雌しべに、雄しべをまんべんなくこすりつけて受粉させる。

❸受粉日を花の近くにつけておけば収穫の目安になる。

8 孫づる整理　6月中旬～7月

人工授粉した部分より下の孫づるは、茂り過ぎて風通しが悪くなるので早めに摘み取る。ほかの子づるから出る孫づるは同じくらいの節まで摘む。

9 誘引　6月中旬～7月

つるが伸びるたびに、支柱全体を回るように誘引していく。支柱側にゆるめの8の字に結んで固定する。

10 実の吊り下げ　6月中旬～7月

❶スイカが大きくなったら、長さ30㎝ほどのひも4本を束ねて結び、ネットをつくる。結び目に吊り下げられる長さのひもをつける。

❷ネットにスイカを入れ、支柱上部に張ったひもに結ぶ。このとき、実が少し浮くくらいの長さに調整する。

11 収穫　7月～8月下旬

品種によって収穫時期は変わるので、タネ袋で受粉日からの収穫日数を確認する。小玉は35日前後、または実のついた節の葉やつるが枯れていたら収穫の目安。ヘタをハサミで切って収穫する。

コラム

水やりに注意

実がつく前は、ほぼ毎日水やりが必要だが、実がついたら注意する。急な大雨が降ると、実が割れることがあるため、天気を見ながら水やりを行う。

ズッキーニ

ーウリ科ー

難易度

やさしい

ふつう

むずかしい

ポイント

- つるのないペポカボチャの仲間でカボチャよりもコンパクトに育つ。
- 茎が鉢からはみ出るほど長く伸びるので、コンテナはやや大きいものを選ぶ。
- 発芽適温が25～30℃と高いため、タネまきでは温度管理が必要。
- 実は先端につくため、重みで茎が裂けることがある。実がついたまま茎を無理に動かさないように注意する。

鉢・肥料

12ℓ以上入る鉢を使う。植えつけ後2週間に1回追肥する。

幅：23.5㎝　奥行き：23.5㎝　深さ：27㎝　12ℓ～

（月）

作業	1	2	3	4	5	6	7	8	9	10	11	12
タネまき			■	■	■							
間引き				■	■							
植えつけ					■							
追肥					■	■	■					
人工授粉					■	■	■					
収穫						■	■					

1 タネまき　3月下旬～5月上旬

❶ポットに用土を入れ、3カ所窪みをつける。それぞれの窪みに1粒ずつタネをまく。

❷土をかぶせ、タネと土が密着するように軽く押さえ、水やりをする。

2 間引き　4月中旬～5月

本葉が1～2枚出たら生育の悪い株を選び、つけ根からハサミで切って2株にする。その後本葉が4枚以上出たら間引いて1株にする。

3 植えつけ　5月

❶気温が十分上がり、本葉が6枚以上出たら、根鉢を崩さないように取り出して植えつける。

❷根鉢と土が密着するように株元を軽く押さえ、水やりをする。

4 追肥　5月中旬～7月中旬

植えつけ10日後あたりから2週間に1回追肥する。土12ℓあたりひとつまみ約10gの化成肥料を土の表面にまく。表面の土をほぐしながら土と肥料を軽く混ぜ、水やりをする。

ポイント

枯れ葉・病気の葉は摘む

下葉から枯れたり病気になりやすいので、見つけたら摘み取っておく。

5 人工授粉　5月下旬～7月上旬

確実に受粉させるため、晴れた日の朝の開花直後に人工授粉をする。花の下にふくらみのない雄花を摘み取り、花びらを取る。花の下にふくらみのある雌花の雌しべに、雄しべをまんべんなくこすりつけて受粉させる。

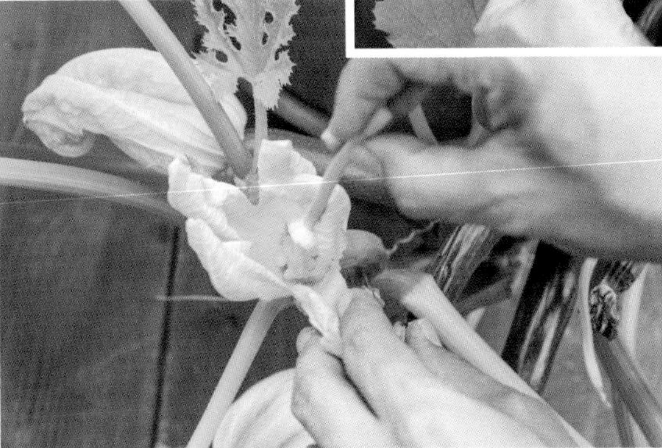

ポイント

受粉はしっかりと

人工授粉が不十分だったり、気温が高すぎたりすると先細る実などができやすい。雌しべ全体に花粉がしっかりとつくように人工授粉をする。

6 収穫　6月中旬～7月

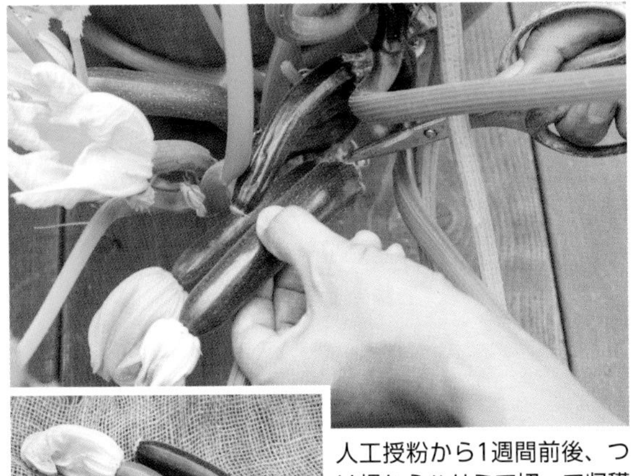

人工授粉から1週間前後、つけ根からハサミで切って収穫する。花も利用する花ズッキーニは開花から3～4日の小さい実を収穫する。

コラム

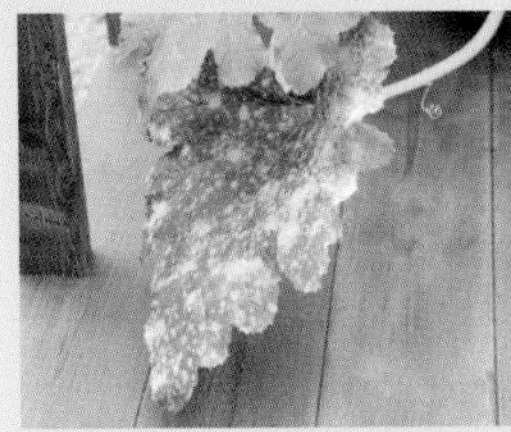

うどんこ病と葉の模様

ズッキーニは葉の葉脈に白色の模様ができる（写真右）。一方、うどんこ病は葉の表面に白い粉が吹いたようにつくので間違えないようにする（写真左）。

トウガラシ

ーナス科ー

難易度 やさしい ふつう むずかしい

ポイント

- 栽培期間が長いので、大きめのコンテナを使用する。
- 病害虫に強く栽培しやすい。
- 栽培適温が20～30℃で高温を好み、植えつけは十分気温が上がってから行う。
- 根が繊細で浅く広がるため、植えつけ後は支柱を立てて支える。
- 未熟の青トウガラシ、葉は葉トウガラシとして佃煮などに利用できる。

鉢・肥料

13.5ℓ以上入る鉢を使う。植えつけ後1カ月に1～2回追肥する。

直径：31㎝

深さ：32㎝

13.5ℓ～

(月)

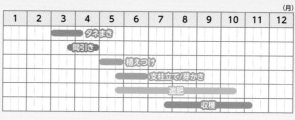

1	2	3	4	5	6	7	8	9	10	11	12

タネまき / 間引き / 植えつけ / 支柱立て/芽かき / 追肥 / 収穫

1 タネまき 3月～4月上旬

❶ポットに用土を入れ、3カ所窪みをつける。それぞれの窪みに1粒ずつタネをまく。

❷土をかぶせ、タネと土が密着するように軽く押さえ、水やりをする。

2 間引き 3月下旬～4月

タネまきから20日前後、本葉が4枚前後出たら生育の悪い株を選び、つけ根からハサミで切って1株にする。

3 植えつけ 5月

❶気温が十分上がり、本葉が6枚以上出たら、根鉢を崩さないように取り出して植えつける。

❷根鉢と土が密着するように株元を軽く押さえ、水やりをする。

4 支柱立て 5月下旬～6月

株が高くなったら中央に支柱を１本立て、ゆるめの８の字で支柱側に結ぶ。株が成長するたびに同様に結んでいく。

5 芽かき 5月下旬～6月

❶株元の風通しをよくするために、晴れた日の午前中に、枝分かれする部分より下のわき芽をすべてかき取る。

❷わき芽をつまみ折るように取り除き、風通しをよくする。芽かきした部分からまた芽が出てきたら取り除く。

6 追肥 5月下旬～10月中旬

植えつけ1カ月前後から1カ月に1～2回追肥する。土13.5ℓあたり軽くひと握り約20ｇの化成肥料を土の表面にまく。表面の土をほぐしながら土と肥料を軽く混ぜ、水やりをする。

7 収穫 7月下旬～11月上旬

❶ほとんどの実が赤くなるのを待って、枝ごと切り取って収穫する。赤くなったものから順番に収穫してもよい。熟さない緑色の実は青トウガラシとして、葉は葉トウガラシとして利用できる。

❷収穫したトウガラシは枝ごと軒下に吊るすか、ひとつずつざるなどに広げ、十分に乾燥させてから保存する。

トマト（大玉）
ーナス科ー

難易度
やさしい
ふつう
むずかしい

ポイント

- 生育適温は20～30℃で強い日光を好み、多湿を嫌う。日照不足になると実がつきにくくなり、障害が起こりやすい。
- 実の赤い色素の元となるリコピンは、高温に弱い。このため、35℃前後になると赤く色づかなくなる。
- 生育には夜間の気温が13～18℃必要で、8℃以下では花の発達が悪くなる。とくに低温期の育苗には温度管理が必要。

鉢・肥料

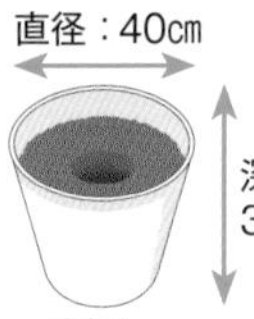

直径：40cm
深さ：39cm
26ℓ～

26ℓ以上入る鉢を使う。植えつけ後、1カ月に1～2回追肥する。

(月)
1
2
3
4
5
6
7
8
9
10
11
12
タネまき
間引き
植えつけ
人工授粉／摘果
支柱立て
追肥/芽かき/誘引/下葉かき
収穫

1 タネまき　3月～4月

❶ポットに用土を入れ、3カ所窪みをつける。

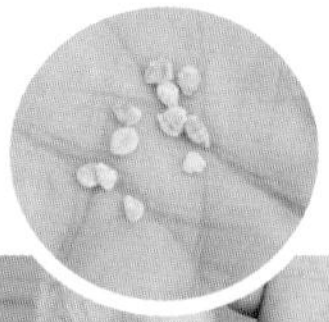

❷それぞれの窪みに1粒ずつタネをまく。

❸土をかぶせ、タネと土が密着するように軽く押さえ、水やりをする。

2 間引き　4月～5月

❶本葉が3～5枚ほど出たら間引いて1株にする。

❷生育の悪い株を選び、つけ根からハサミで切って1株にする。その後、20～30℃で管理する。

3 植えつけ　5月～6月上旬

❶気温が十分上がり、本葉が6枚以上出たら、根鉢を崩さないように取り出して植えつける。

❷根鉢と土が密着するように株元を軽く押さえ、水やりをする。

4 支柱立て　5月中旬～6月

❶茎が伸びはじめたら、支柱を3本立てて固定する。支柱上部が開かないように、上部はひもで結わえて固定する。

❷茎を折らないように注意しながら、支柱全体を回るように誘引していく。支柱側にゆるめの8の字に結んで固定する。

5 追肥 5月中旬～9月中旬

植えつけ2週間前後から1カ月に1～2回追肥する。土26ℓあたり軽くひと握り約20ｇの化成肥料を土の表面にまく。表面の土をほぐしながら土と肥料を軽く混ぜ、水やりをする。

6 芽かき 5月中旬～9月中旬

❶1週間に1回程度、葉と茎のつけ根から出るわき芽を摘み続ける。晴れた日の午前中に行い、手で摘み取る。

❷上部の小さなもの以外すべて摘み取る。一度摘み取った部分も再度わき芽が出ることがあるので見逃さないようにする。

7 誘引・下葉かき 5月中旬～9月中旬

❶株が成長するびに、支柱全体を回るように誘引していく。支柱側にゆるめの8の字に結んで固定する。茎は折れやすいので無理に曲げないように注意する。

❷枯れてきた下葉があれば、随時摘み取って風通しをよくする。

8 人工授粉 6月中旬～7月中旬

生育初期や高温などにより実つきが悪いときには、茎や支柱を叩くようにして花を揺らし、人工授粉する。

9 摘果　6月中旬～7月中旬

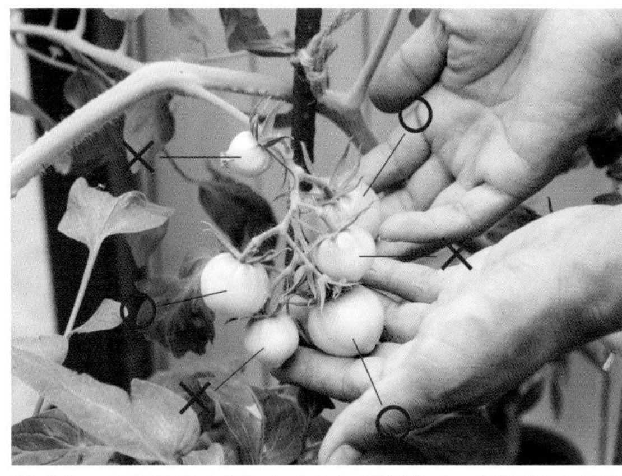

❶ひとつの花の集まりにたくさんの花がついて実ができるが、収穫する実を充実させるために実を摘み取る摘果を行う。育ちの悪いものや小さいもの、形の悪いものを摘果する。

❷実が3～4個残るように、手で摘み取る。花が残っているときは、花も摘み取る。

10 収穫　6月下旬～10月上旬

❶実が大きくなって、ヘタの周囲まで赤く熟したものから収穫する。実を持ち、ヘタに親指をかけるようにしながら逆さにするようにして収穫する。

❷実に残ったヘタはハサミで短く切る。

コラム

茎が折れたときの対処

誘引するときに茎が折れてしまったときは、折れた部分より下にあるわき芽を伸ばす。わき芽が成長したら、消毒したハサミで芽の上を切って主となる茎を切り替える。

房から生える葉

トマトは肥料分のうち窒素が多くなると実のついた房の先から葉が出ることがある。肥料分を控えめにし、葉は摘み取って対処する。

トマト（ミニ、中玉）

ーナス科ー

難易度

やさしい
ふつう
むずかしい

ポイント

- 実がつくまでは肥料は控えめにして育てる。
- 大玉とは違い、摘果は不要。
- オベリスク状に支柱を立てて、コンパクトにまとめる。誘引するときは茎が折れないように注意する。
- たくさんの品種があり、赤や黄、緑などの実がある。
- 赤く完熟したものから順に収穫する。

鉢・肥料

26ℓ以上入る鉢を使う。植えつけ後、1カ月に1～2回追肥する。

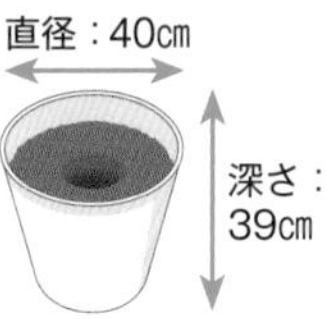

（月）

1	2	3	4	5	6	7	8	9	10	11	12
		タネまき									
			間引き								
			植えつけ				人工授粉				
				支柱立て							
				追肥/芽かき/誘引/下葉かき							
							収穫				

1 タネまき・間引き

3月～4月（タネまき）
4月～5月（間引き）

❶用土に3カ所窪みをつけ、それぞれの窪みに1粒ずつタネをまく。土をかぶせて軽く押さえ水やりをする。

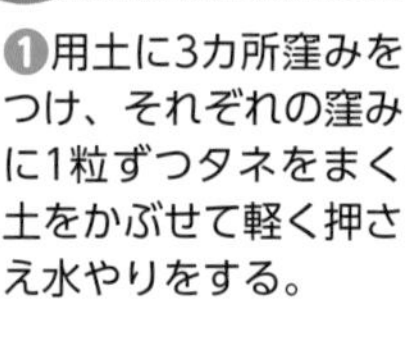

❷本葉が4枚以上になったら間引いて1ポット1株にする。

2 植えつけ

5月～6月上旬

気温が十分上がり、本葉が6枚以上出たら、根鉢を崩さないように取り出して植えつける。土を軽く押さえ水やりをする。

4 追肥　5月中旬～9月中旬

植えつけ2週間前後から1カ月に1～2回追肥する。土26ℓあたり軽くひと握り約20ｇの化成肥料を土の表面にまく。表面の土をほぐしながら土と肥料を軽く混ぜ、水やりをする。

6 人工授粉　6月中旬～7月中旬

生育初期や高温などにより実つきが悪いときには、茎や支柱を叩くようにして花を揺らし、人工授粉する。

7 収穫　6月下旬～10月上旬

実が大きくなって、ヘタの周囲まで赤く熟したものから収穫する。実を持ち、ヘタに親指をかけるようにしながら逆さにするようにして収穫する。

コラム

茎を下げて高さを調整

株の高さが支柱の最上部に達したら、誘引したひもをほどいて、株全体を下げて高さを調整するとよい。

3 支柱立て　5月中旬～6月

茎が伸びはじめたら、支柱を3本立てて固定する。支柱上部が開かないように、ひもで結わえて固定する。茎を折らないように注意しながら、支柱全体を回るようにゆるめの8の字に結んで固定する。

5 芽かき・誘引・下葉かき　5月中旬～9月中旬

❶株が成長するたびに、1週間に1回程度、葉と茎のつけ根から出るわき芽を摘み続ける。晴れた日の午前中に行い、手で摘み取る。

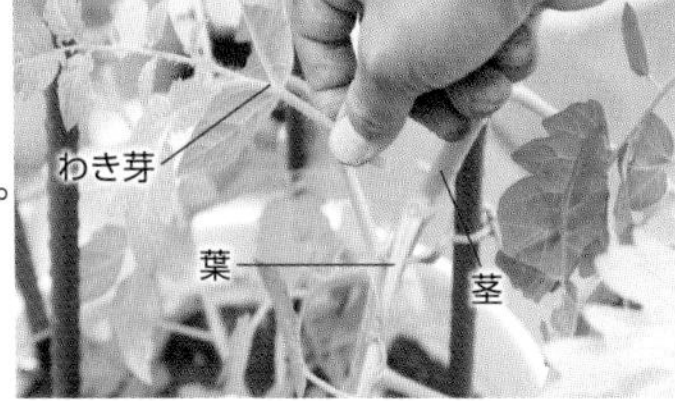

❷支柱全体を回るように誘引していく。支柱側にゆるめの8の字に結んで固定する。茎は折れやすいので無理に曲げないように注意する。枯れてきた下葉があれば、随時摘み取って風通しをよくする。

ナス

ーナス科ー

難易度

やさしい
ふつう
むずかしい

ポイント

- 日あたりのよい場所を好み、日射量が多く、日照時間が長いほど多く収穫できる。
- 肥料と水を好むため、しっかりと追肥・水やりをする。水やりが不足すると実つきが悪くなる。
- 栄養状態が悪いと雌しべが雄しべよりも短くなり、雌しべが見えなくなる。
- 気温が低いと受粉がうまくいかないので、気温が上がってから植えつける。

鉢・肥料

26ℓ以上入る鉢を使う。植えつけ後、2週間に1回追肥する。

(月)
1 2 3 4 5 6 7 8 9 10 11 12

- タネまき
- 間引き
- 植えつけ/支柱立て
- 3本仕立て
- 一番果収穫/芽かき
- 更新剪定
- 追肥
- 収穫/整枝

1 タネまき　3月中旬～4月

❶ポットに用土を入れ、3カ所窪みをつける。それぞれの窪みに1粒ずつタネをまく。

❷土をかぶせ、タネと土が密着するように軽く押さえ、水やりをする。

2 間引き　4月中旬～5月中旬

本葉が1～2枚ほど出たら間引いて1株にする。生育の悪い株を選び、つけ根からハサミで切って1株にする。

3 植えつけ・支柱立て　4月下旬～5月

❶気温が十分上がり、本葉が6枚以上出たら、根鉢を崩さないように取り出して植えつける。

❷根鉢と土が密着するように株元を軽く押さえる。

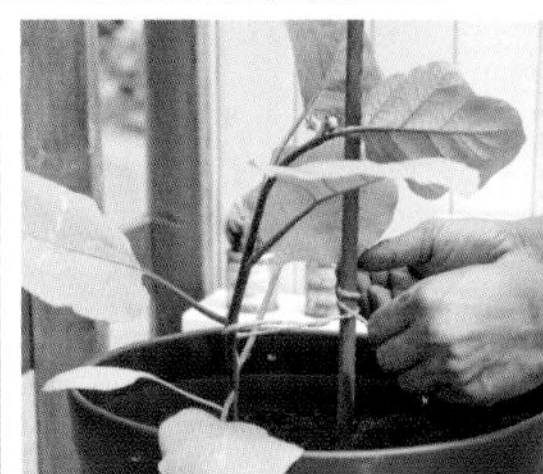

❸支柱を中央に1本立てて、ゆるめの8の字に結び、たっぷりと水やりをする。

4 一番果収穫　5月～6月上旬

株の成長を促すため、はじめについた実（一番果）は、小さいうちに収穫する。

5 芽かき　5月～6月上旬

❶一番果を収穫したら、すぐ下のふたつのわき芽を残し、それより下のわき芽をすべて摘み取る。

❷晴れた日の午前中に芽かきをする。わき芽をつまんで摘み取る。わき芽が再度出てきたら、同様に摘む。

❸芽かきの完成。残ったわき芽（側枝）2本と主となる枝（主枝）1本を伸ばし、3本仕立てにする。

6 追肥　5月～9月

❶植えつけ2週間前後から2週間に1回追肥する。土26ℓあたり軽くひと握り約20gの化成肥料を土の表面にまく。

❷表面の土をほぐしながら土と肥料を軽く混ぜ、水やりをする。

7 3本仕立て 6月

❶残したわき芽が伸びてきたら、枝3本を生かす3本仕立てにする。支柱を均等に3本立てる。

❷中央に立てた支柱のひもをはずして、取り除く。

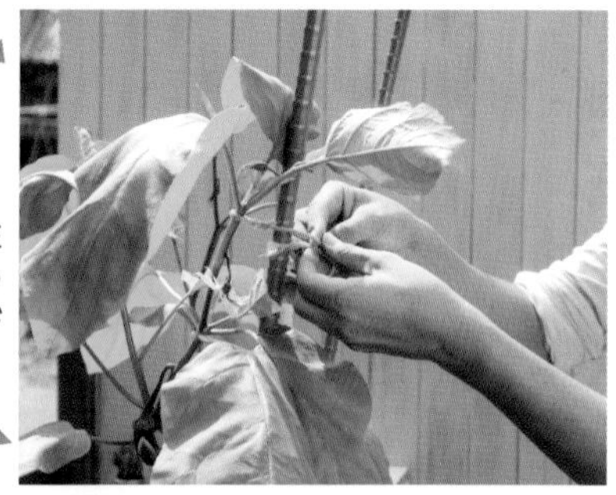

❸伸びた枝を支柱側に、それぞれゆるめの8の字結びで固定する。

❹それぞれの枝が伸びたら同様に誘引していく。

8 収穫 6月中旬～10月中旬

気温が高くなってくると、次々と実をつける。果実の長さが10～12㎝（中長系の品種）になったら収穫。つやのある適度な大きさの実のヘタを切って収穫する。

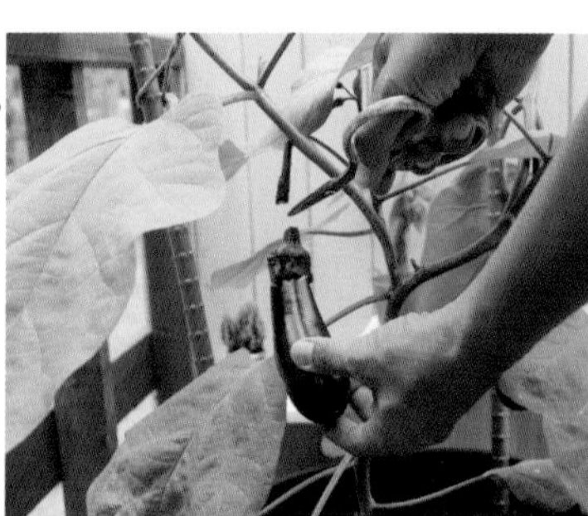

コラム

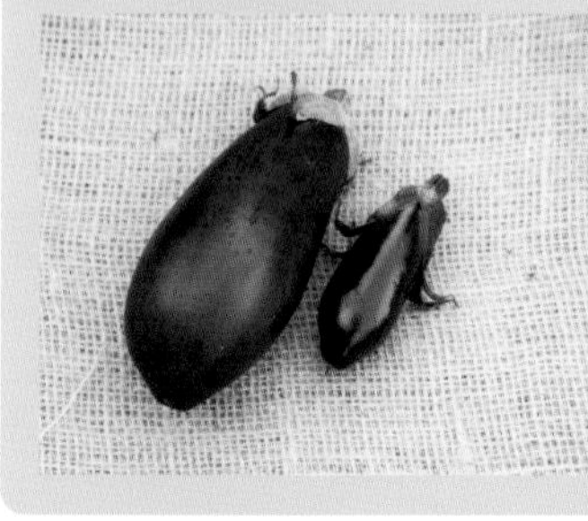

つやのないボケナス

人を揶揄する言葉「ボケナス」は、つやのないナスが由来。ボケナスは水分が不足すると起こるので、水やりを怠らないようにする。

9 整枝 6月中旬～10月中旬

❶3本に仕立てた枝(主枝)から、伸びた枝(わき芽)に花がつくたびに整枝をする。

❷その花のすぐ上の葉1枚を残して、その先を摘み取る。

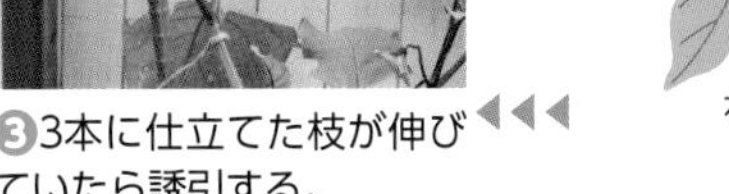

❸3本に仕立てた枝が伸びていたら誘引する。

❹整枝した葉の下にある花が実になったらハサミで切って収穫する。

❺収穫後、実がついていたところより下のわき芽まで切り詰める。新たに出ている枝を同様に整理し、これを繰り返す。

10 更新剪定 7月下旬～8月上旬

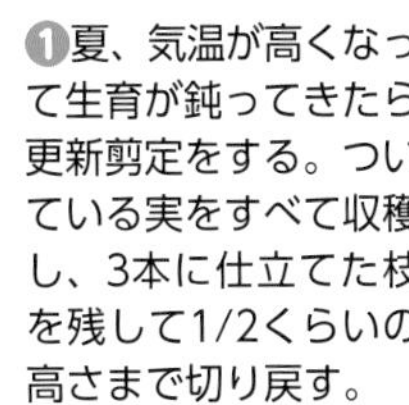

❶夏、気温が高くなって生育が鈍ってきたら更新剪定をする。ついている実をすべて収穫し、3本に仕立てた枝を残して1/2くらいの高さまで切り戻す。

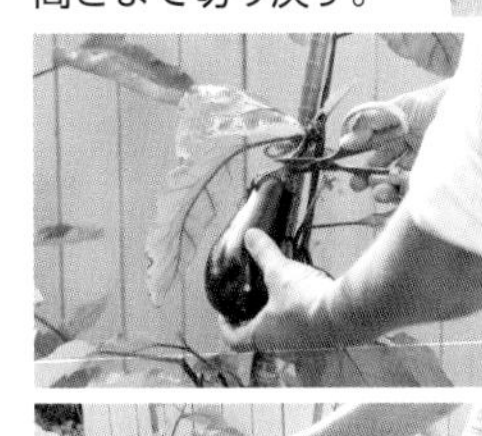

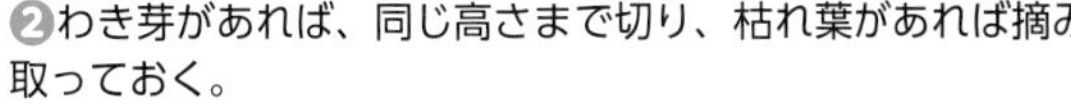

❷わき芽があれば、同じ高さまで切り、枯れ葉があれば摘み取っておく。

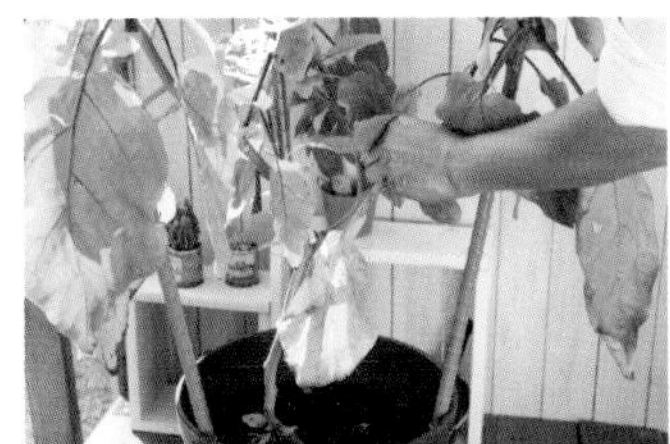

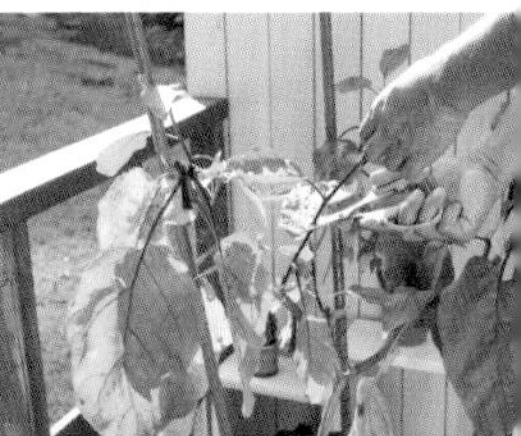

❸剪定後、土26ℓあたり軽くひと握り約20gの化成肥料を土の表面にまく。

剪定後

❹1～2カ月後には新しい枝葉が伸び、秋ナスを収穫できるようになる。

ハラペーニョ

―ナス科―

難易度
やさしい
ふつう
むずかしい

ポイント

- 生育適温が25～30℃と高温性の野菜で、植えつけは十分気温が上がってから行う。
- 根が繊細なため、水はけのよいコンテナを使用する。
- 栽培期間、収穫期間が長いので、追肥して肥料不足を防ぐ。
- 実が未熟な青いうちに収穫する。完熟するとひび割れて赤く熟す。

鉢・肥料

17ℓ以上入る鉢を使う。植えつけ後1カ月に1～2回追肥する。

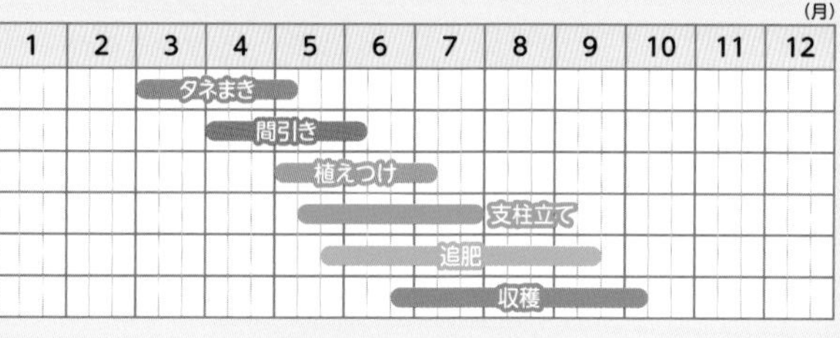

1 タネまき　3月～5月上旬

❶ポットに用土を入れ、3カ所窪みをつける。それぞれの窪みに1粒ずつタネをまく。

❷土をかぶせ、タネと土が密着するように軽く押さえ、水やりをする。

2 間引き　4月～6月上旬

本葉が2枚前後出たら生育の悪い株を選び、つけ根からハサミで切って1株にする。

3 植えつけ　5月～7月上旬

❶気温が十分上がり、本葉が6枚以上出たら、根鉢を崩さないように取り出して植えつける。

❷根鉢と土が密着するように株元を軽く押さえ、水やりをする。

4 支柱立て　5月中旬～7月

株が高くなったら中央に支柱を1本立て、ゆるめの8の字で支柱側に結ぶ。株が成長するたびに同様に結んでいく。

5 追肥　5月下旬～9月中旬

❶植えつけ2週間前後で、1カ月に1～2回追肥する。土17ℓあたり軽くひと握り約20gの化成肥料を土の表面にまく。

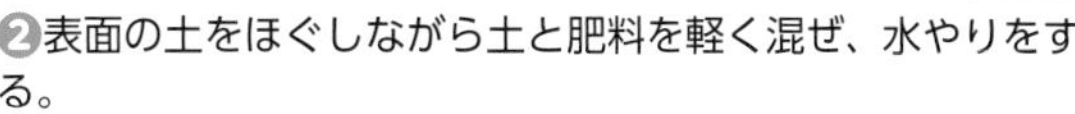

❷表面の土をほぐしながら土と肥料を軽く混ぜ、水やりをする。

6 収穫　6月下旬～10月上旬

❶はじめに実をつけた一番果は、株の生育を促すために小さなうちに収穫する。その後品種に適した大きさになったものから順に緑色の未熟なまま収穫する。

❷赤く熟した実は、辛みと甘みが感じられる。緑色のものと合わせて輪切りにしたものをピクルスなどに利用できる。

ピーマン

ーナス科ー

難易度　やさしい／ふつう／むずかしい

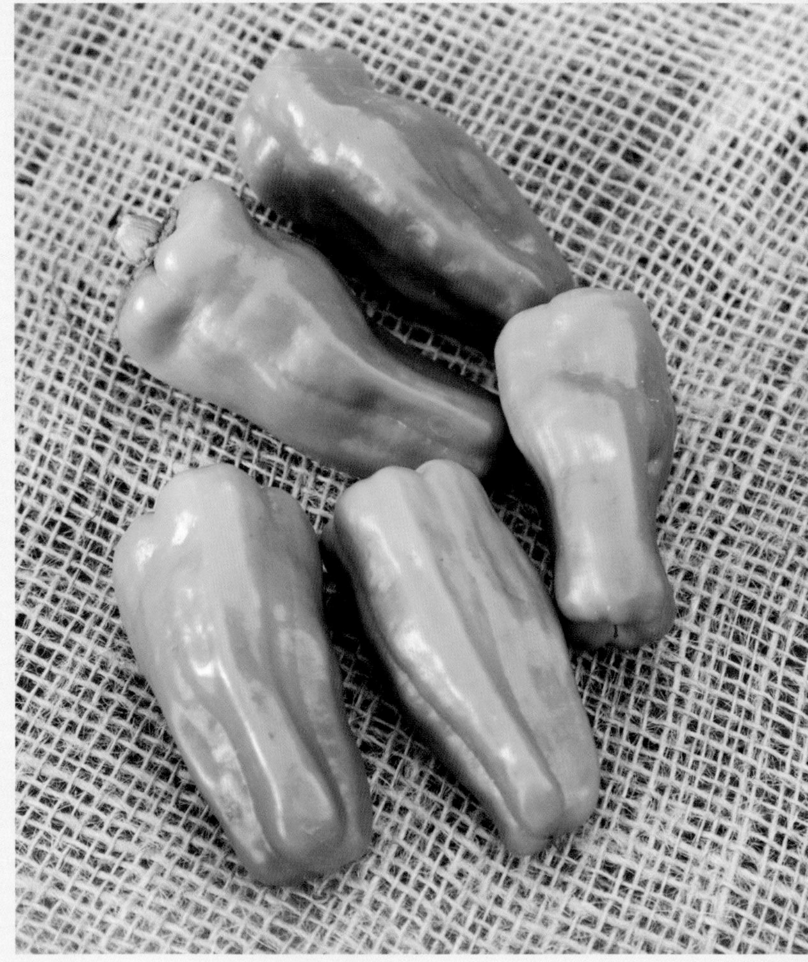

ポイント

- 収穫期間が長く、コンテナ栽培でもたくさん収穫できる。
- 低温には弱いので遅霜の心配がなくなってから植えつける。
- 土が乾燥すると花数が減り、花が落ちたり実に障害が出るので、保水性・排水性の高い用土と水はけのよいコンテナを使う。
- 株が大きく広がるので、あらかじめ栽培するスペースを確保しておく。

鉢・肥料

13.5ℓ以上入る鉢を使う。植えつけ後1カ月に1～2回追肥する。

直径：31cm
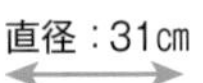

深さ：32cm
13.5ℓ～

(月) 1 2 3 4 5 6 7 8 9 10 11 12

タネまき
間引き
植えつけ/支柱立て
芽かき/3本仕立て
追肥
収穫

1 タネまき　2月下旬～4月

❶ポットに用土を入れ、3カ所窪みをつける。それぞれの窪みに1粒ずつタネをまく。

❷土をかぶせ、タネと土が密着するように軽く押さえ、水やりをする。

2 間引き　3月下旬～5月中旬

本葉が4枚以上出たら、生育の悪い株を選んでハサミで切り、1ポット1株にする。

3 植えつけ　5月

❶気温が十分上がり、本葉が6枚以上出たら、根鉢を崩さないように取り出して植えつける。

❷根鉢と土が密着するように株元を軽く押さえ、水やりをする。

4 支柱立て　5月

株が高くなったら中央に支柱を1本立て、ゆるめの8の字で支柱側に結ぶ。

5 芽かき　5月中旬～6月中旬

株元の風通しをよくするために、晴れた日の午前中に、枝分かれする部分より下のわき芽をすべてかき取る。芽かきした部分からまた芽が出てきたら取り除く。

6 3本仕立て　5月中旬～6月中旬

株が30～40㎝ほどの大きさになってきたら、枝分かれした太い枝2本と、そこから伸びた枝の1本に支柱を立て3本仕立てにする。それぞれの枝をゆるめの8の字結びで固定する。枝が伸びるたびに誘引する。

7 追肥　5月下旬～9月

植えつけから10日前後、1カ月に1～2回追肥する。土13.5ℓあたり軽くひと握り約20gの化成肥料を土の表面にまく。表面の土をほぐしながら土と肥料を軽く混ぜ、水やりをする。

8 収穫　6月中旬～10月中旬

最初の枝分かれした部分につく一番果は、株を充実させるために、小さなうちに収穫してしまう。実の長さが5～6㎝の大きさ（品種による）になったら、緑色の未熟なものをハサミで切って収穫する。

コラム

完熟する実

実が完熟すると赤くなり、甘みと栄養価が増す。ただし、実を完熟させると株が弱り、収穫量は落ちてしまうので注意する。

ラッカセイ

ーマメ科ー

難易度

やさしい　ふつう　むずかしい

ポイント

- 開花後、花のつけ根からつる（子房柄／しぼうへい）を伸ばして土の中に潜るため、コンテナからはみ出る場合は、茎をコンテナに入れ、ひもで縛る。
- 日あたりのよい場所を好み、15～25℃の気温でよく育つ。
- 15℃以下では生育が止まるので、寒冷地での栽培は難しい。
- 地上部の葉が色づきはじめたら収穫できる。

鉢・肥料

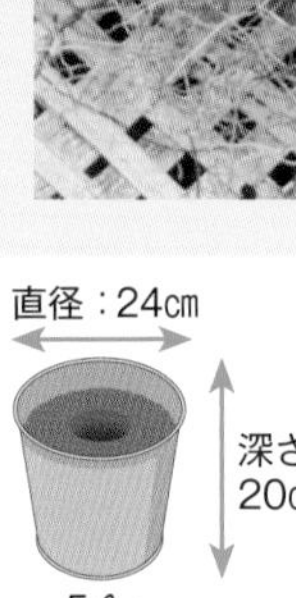

5ℓ以上入る鉢を使う。開花後に1回追肥する。

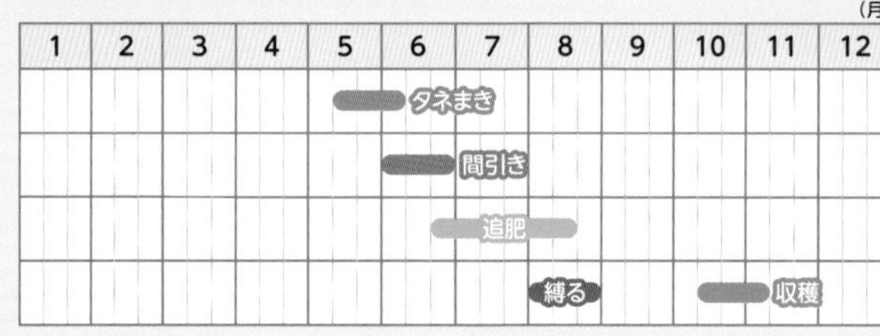

1 タネまき　5月中旬～6月上旬

❶用土に1カ所、タネの深さの2～3倍の窪みをつけ、3～4粒タネをまく。

❷タネと土が密着するようにタネを軽く押し、土をかぶせて軽く押さえ、水やりをする。発芽するまでは、鳥害を防ぐために室内で管理する。

3 追肥　6月下旬～8月中旬

❶開花後に1回追肥する。土5ℓあたり軽くひとつまみ約5ｇの化成肥料を土の表面にまく。

❷表面の土をほぐしながら土と肥料を軽く混ぜ、水やりをする。

5 収穫　10月中旬～11月上旬

❶葉が黄色くなりはじめてきたら収穫の適期。つる全体を持ち、株ごと引き抜いて収穫する。土に残っている実もあるので、株を抜いた部分とその周囲を手で掘って、残っている実も収穫する。

❷実を切り分けてザルにのせ、風通しのよい場所で2～3週間乾燥させる。生ラッカセイを使う場合は乾燥は不要。

2 間引き　6月

❶タネまきから20日前後、高さ10㎝ほどになったら間引きをする。

❷生育の悪い株を選び、つけ根からハサミで切って2株にする。

4 縛る　8月

ポイント

追肥後の花
ラッカセイは、花が終わるとつる（子房柄）が伸びて土の中に潜り、実をつける。

茎がコンテナよりもはみ出てしまっていたら、子房柄が外に出ないようにコンテナの中に入れて、全体をゆるく縛る。

ゴボウ（サラダゴボウ）

— キク科 —

難易度

やさしい

ふつう

むずかしい

ポイント

- 根が比較的短いサラダゴボウなどの品種を選ぶ。
- 根が深く伸び、葉が大きく広がるため、使用するコンテナは深さのある大きいものを必ず使用する。
- 栽培自体はそれほど難しくないが、収穫までに時間がかかる。
- 生育適温は20～25℃、暖かい気候を好み、夏場でもよく育つ。

鉢・肥料

13.5ℓ以上入る鉢を使う。間引き後1カ月に1～2回追肥する。

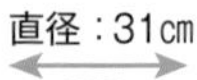

直径：31㎝

深さ：32㎝

13.5ℓ～

（月）

1	2	3	4	5	6	7	8	9	10	11	12
				タネまき							
					間引き						
						追肥					
							収穫				

1 タネまき　4月～6月中旬

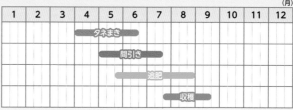

❶用土に10㎝間隔に5カ所窪みをつける。それぞれの窪みに2～3粒ずつタネをまく。

❷タネと土が密着するように指で押し、土をかぶせて軽く押さえ、水やりをする。

2 間引き　5月～7月中旬

❶本葉が1～2枚出たら間引きをする。

❷生育の悪い株を選び、それぞれ1株にする。

3 追肥　5月下旬～8月

❶間引き後2週間前後から1カ月に1～2回追肥する。土13.5ℓあたり軽くひと握り約20ｇの化成肥料を土の表面にまく。

❷表面の土をほぐしながら土と肥料を軽く混ぜ、水やりをする。

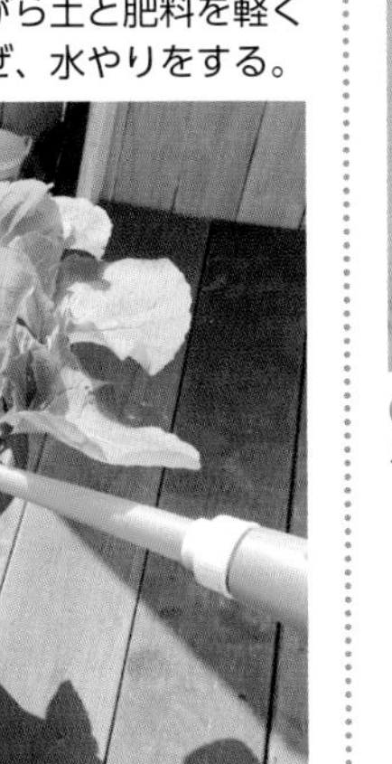

4 収穫　7月下旬～9月中旬

❶根が短い品種はタネまき後75日～100日ほどで収穫できる。

❷株元近くを持ち、しっかりと引き抜く。ひげ根は収穫後に取り除く。

ジャガイモ

ーナス科ー

難易度　やさしい　ふつう　むずかしい

ポイント

- 上へ上へとイモができるので、追肥後に土を足す。このため、深さのあるコンテナを選ぶ。
- ウイルス病などを防ぐために、タネイモは品質がしっかり保証された合格証がついたものを園芸店で購入する。
- イモが光にあたると緑化して有毒なソラニンという物質が含まれる。食べないように注意が必要。

鉢・肥料

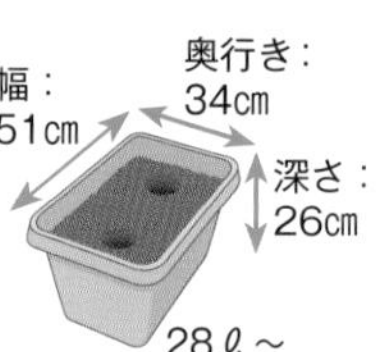

28ℓ以上入る鉢を使う。芽かき後1カ月に1回追肥する。

（月）

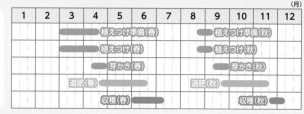

1	2	3	4	5	6	7	8	9	10	11	12
				植えつけ準備(春)				植えつけ準備(秋)			
				植えつけ(春)				植えつけ(秋)			
				芽かき(春)					芽かき(秋)		
		追肥(春)					追肥(秋)				
				収穫(春)					収穫(秋)		

1 植えつけ準備　3月～4月中旬・8月下旬～9月上旬

❶40ｇ程度以下の小さなタネイモはそのままでよいが、大きなものは、芽の数が均一になるように30～40ｇに切る。2～3週間ほど日中に太陽光にあてて芽を出させると、その後の生育がよい。

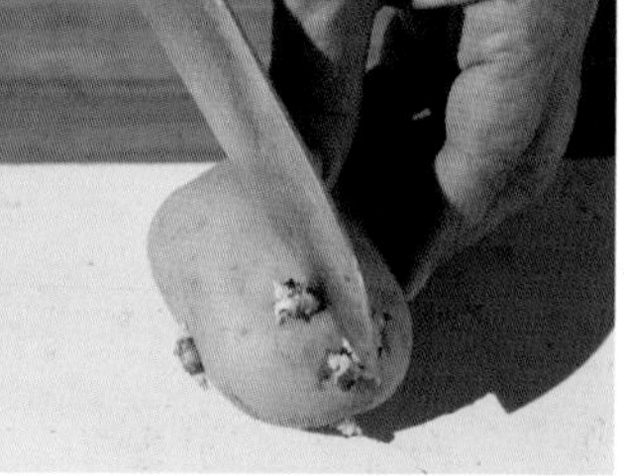

❷切り分けるときは、それぞれに芽がつくように包丁で切る。切ったタネイモには、少なくともひとつ以上の芽を残しておく。

❸切ったイモは切り口から腐るのを防ぐために、天日で半日～1日乾かす。切り口に草木灰をつけて乾かしてもよい。

2 植えつけ　3月～4月中旬・8月下旬～9月上旬

❶コンテナに用土を6割ほど入れる。小さなイモは芽を上向きに、切ったものは切り口を下に向けて、30㎝間隔で埋める。

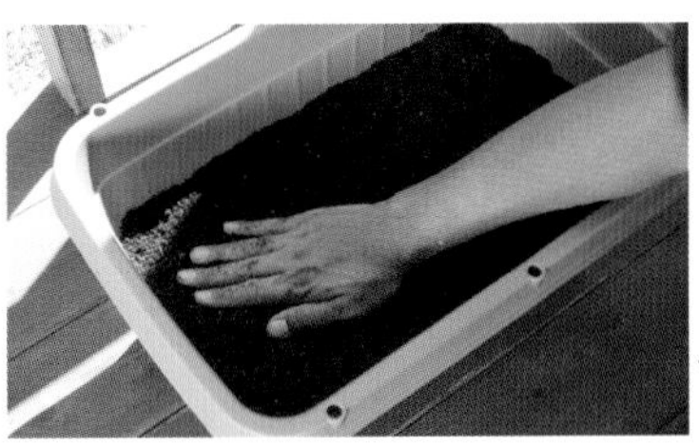

❷タネイモに土をかぶせ、手で軽く押さえて水やりをする。

深さはタネイモの2倍

イモを埋める深さはタネイモの2倍ほどの深さになるように穴を掘るとよい。

3 芽かき　4月中旬～4月下旬・9月中旬～9月下旬

❶植えつけ後、発芽して伸びた芽が10㎝ほどの長さに育ったら、生育のよい芽を2～3本残して、ほかの芽を引き抜く。

❷引き抜く芽の株元をしっかりと押さえるようにして、残す芽を傷めないように芽かきをする。

4 追肥　4月下旬～6月中旬・9月下旬～11月中旬

❶芽かき後、1カ月に1回、土28ℓあたりひと握り約30gの化成肥料を土の表面にまき、土と肥料を混ぜる。

❷追肥後、株元から10㎝ほどのところまで土を入れて平らにならし、株元に土を寄せる。

❸最後にたっぷりと水やりをする。

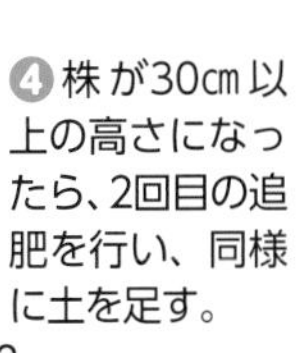

❹株が30㎝以上の高さになったら、2回目の追肥を行い、同様に土を足す。

5 収穫　6月～7月上旬・11月下旬～12月上旬

❷株元近くの葉が色あせてきたら収穫適期。株元をしっかり持って引き抜くようにしてイモを掘り上げる。

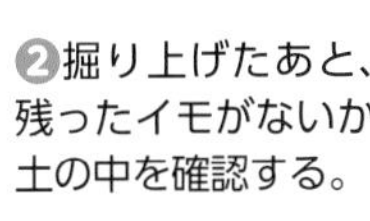

❷掘り上げたあと、残ったイモがないか土の中を確認する。

ビーツ（サラダビーツ）

ーアカザ科（ヒユ科）ー

難易度

やさしい
ふつう
むずかしい

ポイント

- 冷涼な気候を好み、夏の暑さに弱い。秋まきがおすすめ。
- 収穫が遅れると繊維分が増えて食味が悪くなるため、収穫適期を逃さないようにする。

鉢・肥料

5ℓ以上入る鉢を使う。間引き後1カ月に1回追肥する。

直径：24㎝
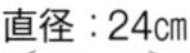

深さ：20㎝
5ℓ～

（月）

1	2	3	4	5	6	7	8	9	10	11	12
			タネまき(春)					タネまき(秋)			
			間引き1(春)					間引き1(秋)			
			間引き2(春)						間引き2(秋)		
			追肥(春)						追肥(秋)		
					収穫(春)					収穫(秋)	

① タネまき・間引き1

3月下旬～5月・9月（タネまき）
4月中旬～6月上旬・9月中旬～10月上旬（間引き1）

❶用土に8㎝間隔で5カ所窪みをつけ、それぞれ3～4粒ずつタネをまく。

❷葉が展開したら1カ所3株に間引く。

② 間引き2

4月下旬～6月中旬・9月下旬～10月中旬

本葉が3枚以上になったら、1カ所1株になるように間引く。

③ 追肥

4月下旬～7月中旬・9月下旬～11月中旬

2回目の間引き後から1カ月に１回程度追肥をする。土5ℓあたり軽くひとつまみ約5ｇの化成肥料を土の表面にまき、土と軽く混ぜて水やりをする。

④ 収穫

6月～8月上旬・11月～12月

根の直径が5㎝ほどになったら、葉のつけ根をしっかり持って引き抜いて収穫する。

Part 4

秋に栽培する葉もの野菜

春に栽培可能なものもありますが、育てやすい秋栽培がおすすめです。栽培は、夏・秋にタネをまくものがほとんどです。アブラナ科の野菜は害虫の被害にあいやすいので、生育初期には防虫ネットで防ぐとよいでしょう。

カラシナ（葉からしな）

ーアブラナ科ー

難易度 やさしい ／ ふつう ／ むずかしい

ポイント

- 暑さ、寒にも強く、環境に対する適応性もあるため、育てやすい。
- 葉の収穫時期は1月まで。2～3月にはとう立ちするが、伸びた花茎もおいしく食べられる。

鉢・肥料

6.5ℓ以上入る鉢を使う。間引き後に1回追肥する。

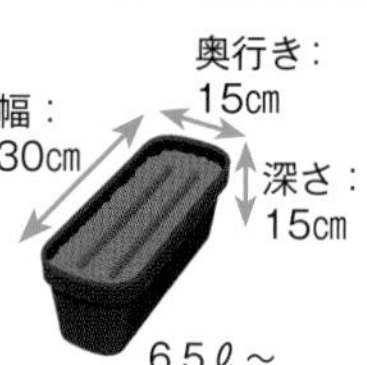

1	2	3	4	5	6	7	8	9	10	11	12

タネまき／間引き1／間引き2／追肥／収穫

1 タネまき　5月～9月

❶ポットに入れた用土に、幅、深さとも1㎝ほどの浅い溝をつけ、およそ1㎝間隔でタネをすじまきする。

❷土を寄せて軽く手で押さえ、土と密着するようにたっぷりと水やりする。

2 間引き1・2　5月中旬～10月上旬（間引き1）　5月下旬～10月中旬（間引き2）

本葉が2枚で株間1～2㎝、5～6枚になったら2回目の間引きをし、8～10㎝程度にする。

3 追肥　5月下旬～10月中旬

2回目の間引き後、軽くひとつまみ約5ｇの化成肥料を土の表面にまく。土と軽く混ぜて水やりをする。

4 収穫　6月中旬～1月（翌年）

高さ20㎝ほどになったら株元をハサミで切って収穫する。高さ25～30㎝ほどの大株に育て、外側から必要な分だけ収穫すると、長期間収穫できる。

カラシナ（わさび菜）

ーアブラナ科ー

難易度　やさしい／ふつう

ポイント

- 環境に対する適応性があり、寒さにも強いので育てやすい。
- 生育に合わせて必要な分、外葉から摘み取って収穫する。
- 春、秋は防虫ネットなどで害虫対策をするとよい。

鉢・肥料

4ℓ以上入る鉢を使う。植えつけ後2週間に1回追肥する。

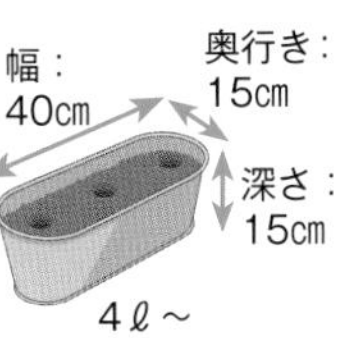

1	2	3	4	5	6	7	8	9	10	11	12
				タネまき(春)				タネまき(秋)			
				間引き(春)					間引き(秋)		
				植えつけ(春)					植えつけ(秋)		
					追肥(春)				追肥(秋)		
収穫(秋/翌年)					収穫(春)				収穫(秋)		

1 タネまき　5月〜6月中旬（春）9月中旬〜10月中旬（秋）

ポットに入れた用土に、3カ所窪みをつけ、それぞれ1粒のタネをまき、土をかぶせて軽く押さえ、水やりをする。

2 間引き　5月中旬〜6月下旬（春）9月下旬〜10月（秋）

本葉が4枚以上出たら、生育の悪いものなどをハサミで切り取り1株にする。

3 植えつけ・追肥　5月下旬〜7月上旬（春）10月〜11月上旬（秋）

❶本葉が5枚以上出たら、根鉢を崩さないように苗を取り出して植えつける。根鉢に土をかぶせて軽く押さえ、水やりをする。

❷植えつけの2週間後から2週間に1回、軽くひとつまみ約5gの化成肥料を土の表面にまく。土と軽く混ぜて水やりをする。

4 収穫　6月下旬〜7月（春）10月中旬〜1月（翌年／秋）

高さ25〜35cmほどになったら株元をハサミで切って収穫する。外側から必要な分だけ収穫すると、長期間収穫できる。

カリフラワー（苗）

―アブラナ科―

難易度
やさしい
ふつう
むずかしい

ポイント

- 収穫までの栽培期間には、早生、中生、晩生があるが、秋・冬に収穫する晩生種が育てやすい。
- 日あたりのよい場所を好むが、夏場の直射日光は避ける。
- 株が大きく成長するので、ほかのコンテナへの日あたりに影響しない場所に配置する。
- 花蕾（つぼみ）を触ったときに、やわらかい場合は、収穫適期を過ぎている。

鉢・肥料

13.5ℓ以上入る鉢を使う。1カ月に1回追肥をする。

（月）

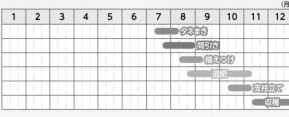

1	2	3	4	5	6	7	8	9	10	11	12
							タネまき				
								間引き			
								植えつけ			
								追肥			
										支柱立て	
											収穫

1 タネまき　7月中旬～8月上旬

❶ポットに入れた用土に指先で3カ所窪みをつける。それぞれの窪みに1粒ずつタネをまく。

❷土をかぶせて軽く押さえ、たっぷりと水やりをする。

2 間引き　7月下旬～8月

❶本葉が2～3枚になったら間引きをする。

❷生育の悪い株などをハサミで株元から切って間引き、1ポット1株にする。

3 植えつけ　8月中旬～9月上旬

❶本葉が4～6枚になったら植えつける。根鉢を崩さないように苗を取り出し、根鉢と同じ大きさの穴を掘って植えつける。

❷根鉢の表面に土を軽くかぶせ、根と土が密着するように株元を軽く押さえて水やりをする。

4 追肥　8月下旬～11月上旬

❶植えつけ2週間後から1カ月に1回追肥をする。軽くひと握り約20gの化成肥料を土の表面にまく。

❷肥料と土を軽く混ぜて、水やりをする。

5 支柱立て　10月中旬～11月上旬

株が成長して高くなったら支柱を1本立てる。茎と支柱をゆるめの8の字結びでしっかり結ぶ。

6 収穫　11月中旬～12月

❶つぼみの直径が15㎝以上になり、つぼみのつぶがそろってきたら収穫する。

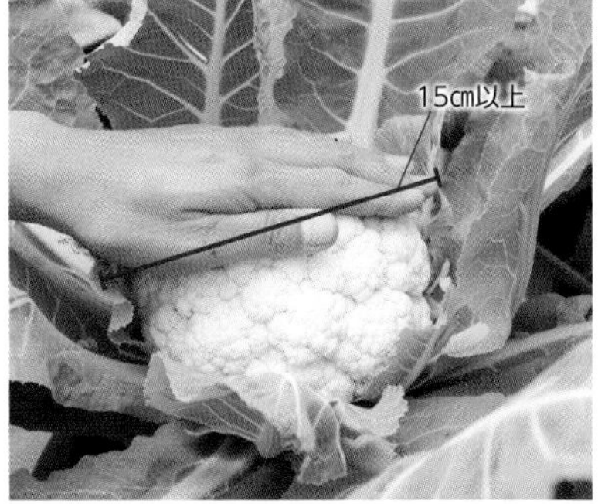

❷つぼみの下に包丁を入れて、余分な葉は削ぎ落とす。

コラム

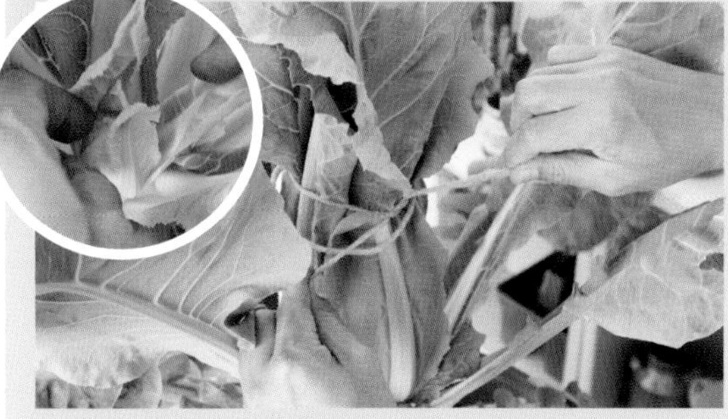

つぼみを白くするには

つぼみが見えはじめたら、外葉でつぼみを包み、ひもでしっかり縛る。光があたらないようにすることで、つぼみが白くなる。

カリフローレ

ーアブラナ科ー

難易度
やさしい
ふつう
むずかしい

ポイント

- つぼみが締らず、枝分かれして細長く伸びるスティックタイプのカリフラワー。
- 生育旺盛で、病害にも強く、育てやすい。
- 水はけ、日あたりのよい場所でよく育つ。
- 質のよいつぼみを収穫するには、外葉を大きく育てる。
- つぼみがわずかにゆるんできたら収穫適期。茎ごと切って収穫する。

鉢・肥料

28ℓ以上入る鉢を使う。植えつけ後1カ月に1回追肥する。

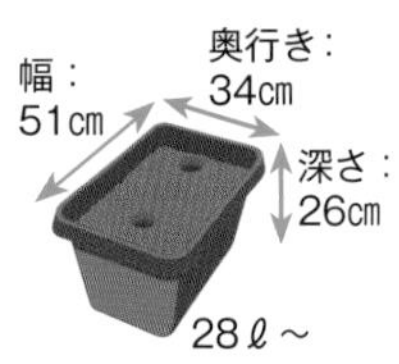

(月)

1	2	3	4	5	6	7	8	9	10	11	12
						タネまき					
							間引き				
							植えつけ				
							追肥				
									収穫		

1 タネまき　7月～8月上旬

❶ポットに入れた用土に指先で3カ所窪みをつける。

❷それぞれの窪みに1粒ずつタネをまく。

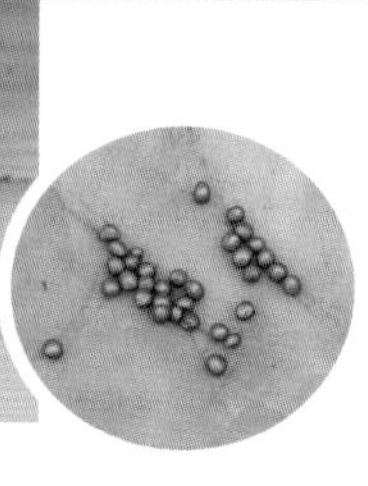

❸土をかぶせて軽く押さえ、たっぷりと水やりをする。

2 間引き　7月下旬～8月

本葉が2～3枚になったら、生育の悪い株などをハサミで株元から切って間引き、1ポット1株にする。

3 植えつけ　8月中旬～9月上旬

❶本葉が4～6枚になったら植えつける。根鉢を崩さないように苗を取り出し、根鉢と同じ大きさの穴を掘って植えつける。

❷根鉢の表面に土を軽くかぶせ、根と土が密着するように株元を軽く押さえて水やりをする。

4 追肥　8月下旬～11月上旬

❶植えつけ2週間後から1カ月に1回程度追肥する。土28ℓあたりひと握り約30gの化成肥料を土の表面にまく。

❷土と肥料を軽く混ぜたら、水やりをする。

5 収穫　10月～11月

❶花の茎の長さが15～20㎝になったら収穫する。

❷枝分かれした茎を1本ずつ切って収穫する。成長に合わせ、長くなったものから順次収穫する。

キャベツ

ーアブラナ科ー

難易度

やさしい
ふつう
むずかしい

ポイント

- 品種が多いため、栽培時期に合う品種を選ぶことが大切。
- 春は害虫被害にあいやすいので、夏まきにして、秋まで防虫カバーなどをかける。
- 結球させるためには寒くなる前に外葉をしっかりと育てることが大切。このため、タネまき・植えつけ時期を守る。
- 秋に植えつける際は、とう立ちに注意する。

鉢・肥料

50ℓ以上入る鉢を使う。植えつけ後、1カ月に1～2回追肥する。

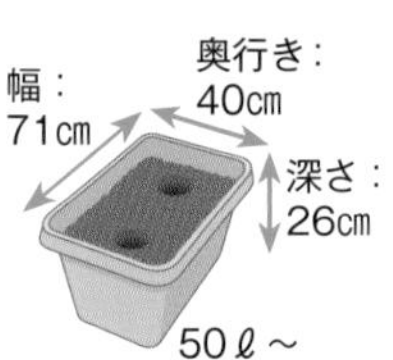

(月)

1	2	3	4	5	6	7	8	9	10	11	12
		タネまき(春)					タネまき(夏)				
			間引き(春)				間引き(夏)				
				植えつけ(春)				植えつけ(夏)			
				追肥(春)				追肥(夏)			
						収穫(春)			収穫(夏)		

1 タネまき

2月中旬～3月中旬・7月～8月上旬

❶ポットに入れた用土に指先で3カ所窪みをつける。

❷それぞれの窪みに1粒ずつタネをまく。

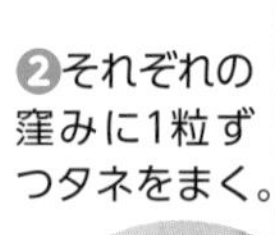

❸土をかぶせて軽く押さえ、たっぷりと水やりをする。

2 間引き　3月中旬～4月上旬・7月中旬～8月中旬

❶本葉が3枚以上になったら間引きをする。

❷生育の悪い株などをハサミで株元から切って間引き、1ポット1株にする。

3 植えつけ　4月・8月～9月上旬

❶本葉が5枚以上に育ったら植えつける。根鉢を崩さないように苗を取り出し、根鉢と同じ大きさの穴を掘って植えつける。

❷根鉢の表面に土を軽くかぶせ、根と土が密着するように株元を軽く押さえて水やりをする。

4 追肥　4月下旬～6月中旬・8月下旬～11月上旬

❶植えつけ2週間前後から1カ月に1～2回程度追肥する。土50ℓあたりひと握り約30gの化成肥料を土の表面にまく。

❷土と肥料を軽く混ぜたら、水やりをする。

5 収穫　6月～7月上旬・10月中旬～11月

❶丸く結球した部分を上から押してみて、中身が詰まっていたら収穫する。

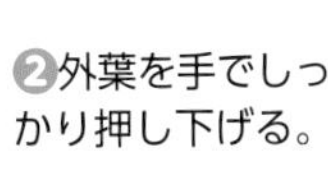

❷外葉を手でしっかり押し下げる。

❸結球部分を手で傾け、外葉の間に包丁を入れて切り取る。

九条ネギ

—ユリ科（ヒガンバナ科）—

難易度：やさしい／**ふつう**／むずかしい

ポイント

- 生育旺盛で暑さに強く、育てやすい。
- 株を大きく育てると、10～15本に分けつする。
- やわらかく香りがよいので、薬味として重宝する。

鉢・肥料

3.5ℓ以上入る鉢を使う。タネまき後、1カ月に1～2回追肥する。

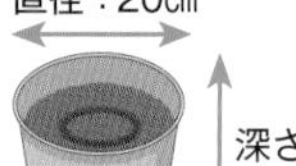

（月）

作業	1	2	3	4	5	6	7	8	9	10	11	12
タネまき			タネまき(春)					タネまき(秋)				
追肥					追肥(春)			追肥(秋)				
間引き					間引き(春)			間引き(秋)				
収穫						収穫(春)				収穫(秋)		

1 タネまき・間引き　3月下旬～6月上旬・8月～9月

ポットに入れた用土に、半径5㎝で円を描くように溝をつける。窪みにタネが重ならないようにまく。

2 追肥　5月～7月上旬・8月下旬～11月中旬

タネまき後、1カ月に1～2回、土3.5ℓあたり軽くひとつまみ約5ｇの化成肥料を土の表面にまき、土と軽く混ぜて水やりをする。

3 間引き　5月～6月・8月下旬～10月

高さが10～15㎝になったら間引いて株間1㎝程度にする。残す株を傷めないように、株元を指で押さえながら間引く株を引き抜く。間引き菜は捨てずに薬味などに利用できる。

4 収穫　6月中旬～7月・10月～12月

高さ30㎝ほどになったら株元から3～5㎝を残して、ハサミで切って収穫する。1カ月前後で葉が伸び、再収穫できる。

クレソン

―セリ科―

難易度　やさしい　ふつう

ポイント

- 茎を水にさすだけでも根が出るほど丈夫で、育てやすい。
- 底の部分に水を貯められるスプラウト用の容器で栽培する。ボウルにザルを重ねたものでも代用可能。

鉢・肥料

0.6ℓ以上入る鉢を使う。1カ月に1回追肥する。

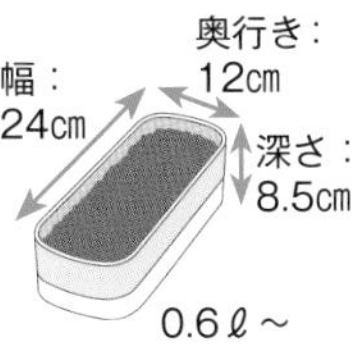

(月)

1	2	3	4	5	6	7	8	9	10	11	12
					タネまき(春)				タネまき(秋)		
						追肥(春)					
									追肥(秋)		
					追肥(秋/翌年)						
							収穫(春)				
						収穫(秋/翌年)					

1 タネまき　4月中旬～5月・8月～9月

❶スプラウト用の容器に用土を入れ、タネをばらまきにする。

❷タネの上から土をかぶせて、軽く押さえ、水やりをする。

❸発芽後、根が下の容器まで伸びたら、容器の水を毎日替える。

2 追肥　4月下旬～9月・9月中旬～11月中旬、3月～9月(翌年)

生育の様子を見ながら、1カ月に1回追肥する。土0.6ℓあたり軽くひとつまみ約5gの化成肥料を土の表面にまき、水やりをする。

3 収穫　5月中旬～10月中旬・3月中旬～10月中旬(翌年)

15㎝ほどに伸びたら先端をハサミで切って収穫する。次々とわき芽が伸び、長期間収穫できる。

ケール

―アブラナ科―

難易度　やさしい／ふつう／むずかしい

ポイント

- 結球しないキャベツの仲間。青汁のイメージがあるが、収穫したてはクセがなく食べやすい。生食、加熱料理、どちらでも食べられる。
- 生育適温は18～25℃で、耐寒性、耐暑性ともに高くない。日あたり、風通しのよい場所で育てる。
- 必要に応じて外葉をかき取るように収穫していくと、長期間収穫可能。
- 秋までは、害虫対策のために防虫ネットなどを使うとよい。

鉢・肥料

17ℓ以上入る鉢を使う。植えつけ後1カ月に1～2回追肥する。

（月）

1	2	3	4	5	6	7	8	9	10	11	12
			タネまき(春)			タネまき(夏)					
		間引き(春)					間引き(夏)				
				植えつけ(春)					植えつけ(夏)		
				追肥(春)				追肥(夏)			
		支柱立て(春)				支柱立て(夏)					
		収穫(夏/翌年)			収穫(春)					収穫(夏)	

1 タネまき　2月～3月中旬・7月～8月

❶ポットに入れた用土に指先で3カ所窪みをつけ、それぞれの窪みに1粒ずつタネをまく。

❷土をかぶせて軽く押さえ、たっぷりと水やりをする。

3 植えつけ　3月中旬～4月・8月～9月

❶本葉が5枚以上になったら植えつける。根鉢を崩さないように苗を取り出し、根鉢と同じ大きさの穴を掘って植えつける。

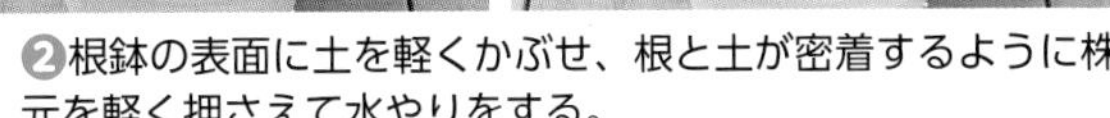

❷根鉢の表面に土を軽くかぶせ、根と土が密着するように株元を軽く押さえて水やりをする。

6 収穫　6月～7月・10月～2月上旬（翌年）

❶葉が30～40㎝ほどに育ったら収穫する。

❷大きく育った外葉から、順次摘み取る。

コラム

加熱すると甘みが増すケール

ケールは加熱すると甘みが増すので、加熱調理がおすすめ。ゆでておひたしにしたり、炒め物、スープに使うこともできる。生食で食べる場合には、収穫したてのものだとクセがない。スムージーや漬物などで楽しめる。

2 間引き　2月下旬～4月上旬・7月中旬～9月上旬

本葉が3枚以上になったら間引きをする。生育の悪い株などをハサミで株元から切って間引き、1ポット1株にする。

4 追肥　3月下旬～7月上旬・8月中旬～11月中旬

❶植えつけ10日前後から、1カ月に1～2回程度追肥する。土17ℓあたり軽くひと握り約20gの化成肥料を土の表面にまく。

❷土と肥料を軽く混ぜたら、水やりをする。

5 支柱立て　4月中旬～5月・9月～11月上旬

株が成長して高くなったら支柱を1本立てる。支柱を立てるときは、根を傷つけないように注意する。茎と支柱を8の字結びでしっかり結ぶ。

コールラビ

ーアブラナ科ー

難易度 やさしい ふつう むずかしい

ポイント

- 地中海沿岸地方原産のキャベツの仲間。
- 寒さや暑さに比較的強いため、栽培しやすい。
- 収穫が遅れると食味が落ち、茎が割れることもあるので注意する。
- 表面が白いものが一般的だが、表面は赤紫色、内部は白色の品種もある。
- 食感はカブやダイコン、味はキャベツやブロッコリーのような味わいがある。
- ボール状にふくらんだ部分は実ではなく、茎。

鉢・肥料

28ℓ以上入る鉢を使う。植えつけ後1カ月に1回追肥する。

(月)

1	2	3	4	5	6	7	8	9	10	11	12
		タネまき(春)						タネまき(夏)			
			間引き(春)						間引き(夏)		
			植えつけ(春)							植えつけ(夏)	
					追肥(春)				追肥(夏)		
					収穫(春)					収穫(夏)	

1 タネまき 3月～5月上旬・8月～9月上旬

❶ポットに入れた用土に指先で3カ所窪みをつける。

❷それぞれの窪みに1粒ずつタネをまく。

❸土をかぶせて軽く押さえ、たっぷりと水やりをする。15～30℃で管理する。

3 植えつけ　4月～6月上旬・9月～10月上旬

❶本葉が5枚以上になったら3カ所植えつける。根鉢を崩さないように苗を取り出し、根鉢と同じ大きさの穴を掘って植えつける。

❷根鉢の表面に土を軽くかぶせ、根と土が密着するように株元を軽く押さえて水やりをする。

2 間引き　3月下旬～5月中旬・8月中旬～9月中旬

本葉が2～3枚になったら生育の悪い株などをハサミで株元から切って間引き、1ポット2株にする。4～6枚になったら間引いて1株にする。

5 収穫　5月～8月中旬・10月中旬～12月

❶茎が直径7～9㎝ほどにふくらんだものから収穫する。

❷茎の下をハサミで切る。下部から出た葉は元から切り取るとよい。

4 追肥　4月中旬～7月・9月中旬～11月上旬

❶植えつけ10日前後から1カ月に1回程度追肥する。土28ℓあたりひと握り約30gの化成肥料を土の表面にまく。

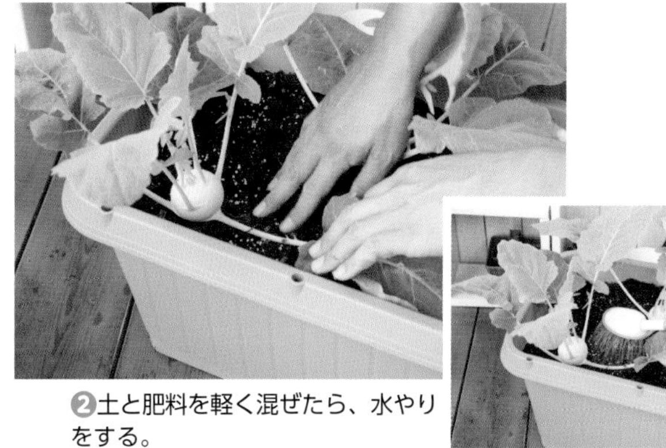

❷土と肥料を軽く混ぜたら、水やりをする。

コマツナ

―アブラナ科―

難易度：やさしい／ふつう／むずかしい

ポイント

- 江戸時代に、現在の江戸川区小松川でよくつくられていたことが名前の由来。
- 暑さや寒さに強く、育てやすい。また、生育期間が短いので、すぐに野菜を収穫できコンテナ栽培に適している。
- 生育適温は15～25℃。厳冬期をのぞけば1年中タネまき可能。
- 高さ20～25㎝になったら収穫適期。大きく育ちすぎると葉が固くなり食味が落ちるので注意する。

鉢・肥料

2.5ℓ以上入る鉢を使う。間引き後に1回追肥する。

(月)

1	2	3	4	5	6	7	8	9	10	11	12

タネまき／間引き1／間引き2／追肥／収穫

1 タネまき　3月中旬～10月

❶コンテナに入れた用土に、10㎝間隔に2カ所溝をつける。

❷重ならないように、均一にタネをすじまきする。

❸土をかぶせて軽く押さえ、たっぷりと水やりをする。

ポイント

すじまきには割り箸を活用

割り箸に1㎝間隔で印をつけ、その印を目安にタネをまくと、均一な間隔ですじまきできる。

2 間引き1　4月～11月上旬

❶発芽がそろったら、1～2㎝間隔になるように間引く。

❷ほかの株が抜けないように株元を押さえて引き抜く。

3 間引き2　4月中旬～11月中旬

❶本葉が4～5枚になったら、3～5㎝間隔になるように間引く。

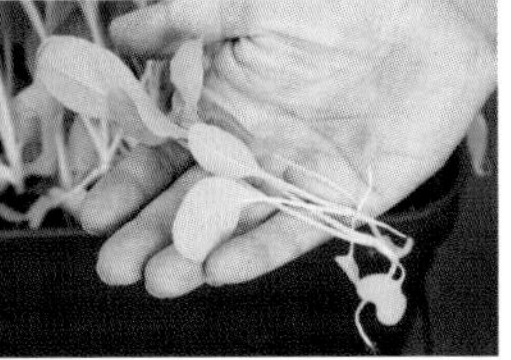

❷ほかの株が抜けないように株元を押さえて引き抜く。間引き菜は食材として利用できる。

4 追肥　4月中旬～11月中旬

2回目の間引き後に1回程度追肥する。土2.5ℓあたり軽くひとつまみ約5ｇの化成肥料を土の表面にまく。土と軽く混ぜて、水やりをする。

5 収穫　4月下旬～12月

❶高さ20～25㎝になったら収穫する。

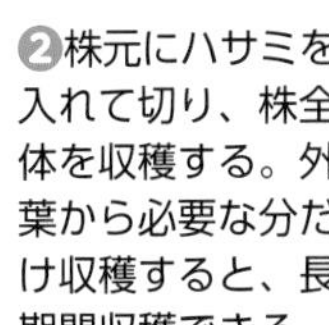

❷株元にハサミを入れて切り、株全体を収穫する。外葉から必要な分だけ収穫すると、長期間収穫できる。

サラダナ

ーキク科ー

難易度　やさしい／ふつう／むずかしい

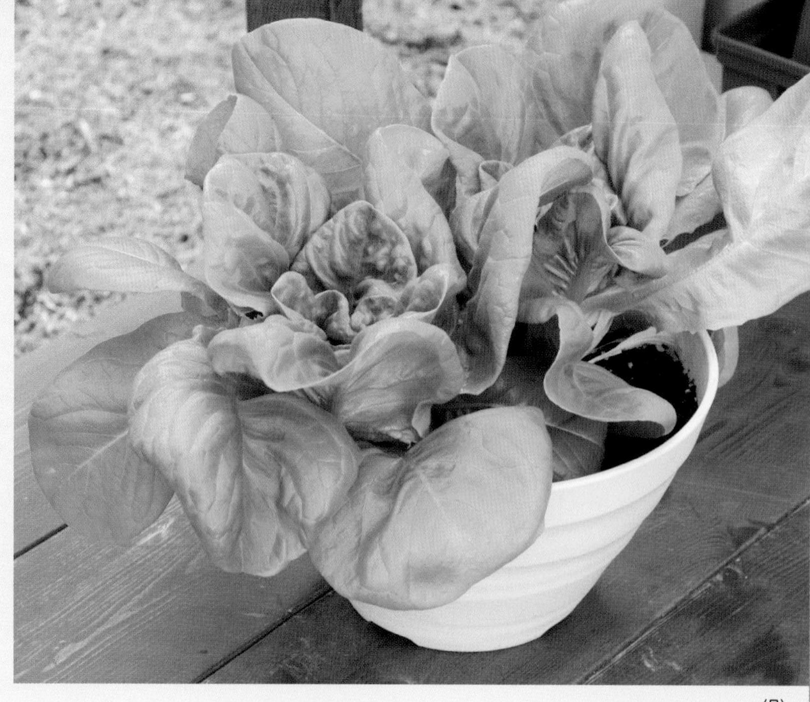

ポイント

- 栽培期間が短く、育てやすい。
- 暑さに弱く、気温が上がると生育が悪くなり、病害も増える。また、土の乾燥にも注意。
- タネは光を好むため、タネまき後は土をごく薄くかぶせるとよい。

鉢・肥料

5ℓ以上入る鉢を使う。植えつけ後1回追肥する。

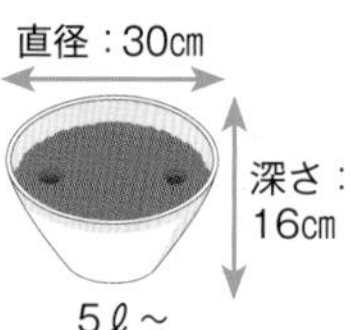

(月)

1	2	3	4	5	6	7	8	9	10	11	12
							タネまき				
								間引き			
								植えつけ			
									追肥		
									収穫		

1 タネまき・間引き　8月下旬～9月（タネまき）9月～10月上旬（間引き）

❶ポットに入れた用土に指先で3カ所窪みをつける。それぞれの窪みに1粒ずつタネをまく。

❷本葉が4～5枚になったら間引きをする。生育の悪い株などをハサミで株元から切って間引き、1ポット1株にする。

2 植えつけ　9月下旬～10月

本葉が6～7枚になったら植えつける。根鉢を崩さないように苗を取り出し、根鉢と同じ大きさの穴を掘って植えつける。根鉢の表面に土を軽くかぶせ、根と土が密着するように株元を軽く押さえて水やりをする。

3 追肥　10月～11月上旬

植えつけ2週間後に1回追肥する。土5ℓあたり軽くひとつまみ約5ｇの化成肥料を土の表面にまき、土と軽く混ぜて水やりをする。

4 収穫　10月中旬～11月

高さ20～25㎝ほどになったら株元をハサミで切って収穫する。外葉から摘み取ると長期間収穫できる。

シュンギク

―キク科―

難易度 やさしい／ふつう

ポイント

- 栽培期間が短く、寒さにも強いので比較的育てやすい。
- 春まきはとう立ちするので、株ごと刈り取って収穫する。秋まきは株元を少し残して収穫するとわき芽が伸びて、長期間収穫できる。

鉢・肥料

3.5ℓ以上入る鉢を使う。間引き後1カ月に1～2回追肥する。

直径：20cm
深さ：18cm
3.5ℓ～

(月)

1	2	3	4	5	6	7	8	9	10	11	12
			タネまき(春)						タネまき(秋)		
					間引き1(春)				間引き1(夏秋)		
					間引き2(春)					間引き2(夏秋)	
				追肥(春)						追肥(夏秋)	
				収穫(春)						収穫(夏秋)	

1 タネまき　3月下旬～5月・9月

ポットに入れた用土に、中央に窪みをつけ、窪みを中心に半径5cmで円を描くように溝をつける。窪みにタネが重ならないようにまき、土をかぶせて軽く押さえ、たっぷりと水やりをする。

2 間引き1　4月～5月・9月中旬～10月上旬

本葉が2～4枚出たら、互いの葉が触れない程度の間隔になるように間引く。ほかの株が抜けないように株元を押さえて引き抜く。間引き菜は食材として利用できる。

3 間引き2・追肥　4月中旬～6月上旬・9月下旬～10月中旬

❶高さが10cmほどになったら、株間3～5cmになるように間引く。

❷間引き後に1回、あとは生育が悪いようならもう1回追肥する。土3.5ℓあたり軽くひとつまみ約5gの化成肥料をまき、土と軽く混ぜて水やりをする。

4 収穫　4月下旬～6月・10月～11月上旬

❶高さ20cm程度になったら収穫する。株元にハサミを入れて切り、株全体を収穫する。

❷秋まきでは、下葉を4枚残して収穫すると、わき芽が伸びてさらに収穫できる。

難易度

やさしい
ふつう
むずかしい

スティックセニョール

ーアブラナ科ー

ポイント

- 別名「茎ブロッコリー」と呼ばれる、スティック状のブロッコリー。伸びるつぼみ(側花蕾)を次々と収穫できる。
- アスパラガスのような甘みと、シャキシャキとした食感が味わえる。
- 春から秋にかけては、害虫がつきやすいので防虫対策をするとよい。
- 先端のつぼみは500円玉大になれば収穫。早めに収穫すると、側花蕾の収穫量が増える。

鉢・肥料

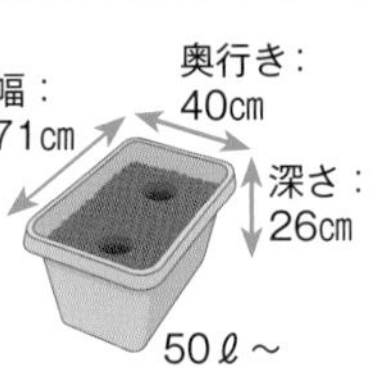

50ℓ以上入る鉢を使う。植えつけ後1カ月に1～2回追肥する。

(月)

1	2	3	4	5	6	7	8	9	10	11	12
	タネまき(春)					タネまき(夏)					
		間引き(春)					間引き(夏)				
		植えつけ(春)					植えつけ(夏)				
			追肥(春)					追肥(夏)			
			支柱立て/摘心収穫(春)					支柱立て/摘心収穫(夏)			
				収穫(春)						収穫(夏)	

1 タネまき 2月中旬～3月中旬・7月中旬～8月中旬

❶ポットに入れた用土に指先で3カ所窪みをつけ、それぞれの窪みに1粒ずつタネをまく。

❷土をかぶせて軽く押さえ、たっぷりと水やりをする。

2 間引き 3月～4月上旬・8月～9月上旬

本葉が2～3枚になったら間引きをする。生育の悪い株などをハサミで株元から切って間引き、1ポット1株にする。

3 植えつけ　3月下旬～4月・8月下旬～9月

❶本葉が5～6枚になったら植えつける。根鉢を崩さないように苗を取り出し、根鉢と同じ大きさの穴を掘って植えつける。

❷根鉢の表面に土を軽くかぶせ、根と土が密着するように株元を軽く押さえて水やりをする。

4 追肥　4月～5月・9月中旬～11月中旬

❶植えつけ2週間前後から1カ月に1～2回追肥する。土50ℓあたりひと握り約30gの化成肥料を土の表面にまく。

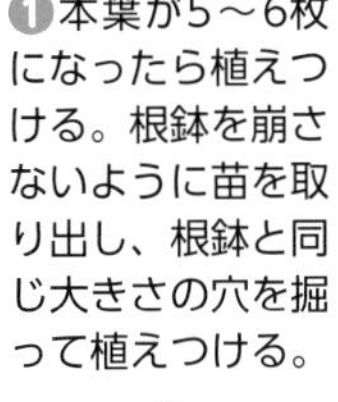

❷土と肥料を軽く混ぜたら、水やりをする。

5 支柱立て　4月中旬～5月中旬・9月下旬～11月上旬

株が成長して高くなったら支柱を1本立て、茎と支柱を8の字結びでしっかり結ぶ。

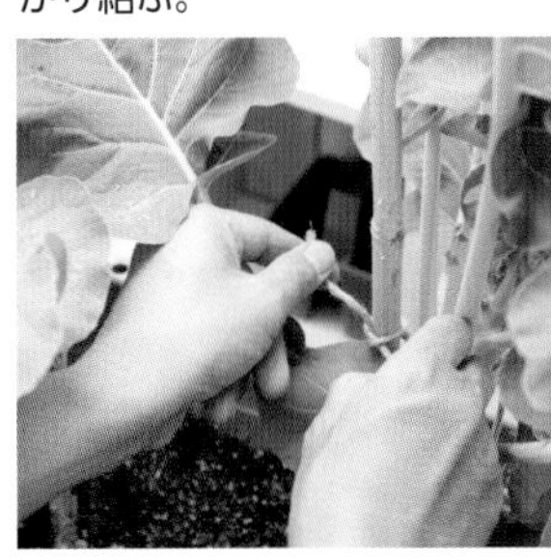

6 摘心収穫　4月中旬～5月中旬・9月下旬～11月上旬

てっぺんにできるつぼみ（頂花蕾）が500円玉大になったら、摘心も兼ねて収穫する。

7 収穫　5月中旬～6月中旬・11月～12月中旬

高さ15～20㎝ほどになったら収穫する。伸びたわき芽のつけ根あたりをハサミで切る。

コラム

茎と花蕾は時間差でゆでる

茎を先にゆでで、花蕾を20秒後に湯に入れると、どちらもシャキシャキとした食感を保てる。和え物や蒸し焼き、炒め物にしてもおいしく食べられる。

タアサイ

—アブラナ科—

難易度
やさしい
ふつう
むずかしい

ポイント

- 濃い緑色の葉が広がるので小さなコンテナでは1株のみ。
- 耐寒性があり、寒さにあたるほど甘みが増す。
- 春まき、夏秋まきができる。春まきの際は害虫対策をするとよい。

鉢・肥料

8ℓ以上入る鉢を使う。植えつけ後1カ月に1回追肥する。

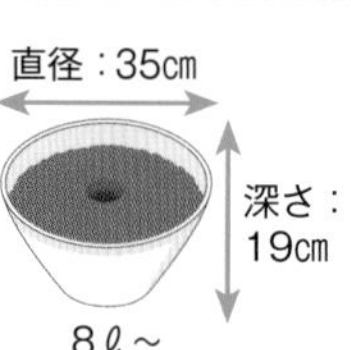

（月）

1	2	3	4	5	6	7	8	9	10	11	12
			タネまき(春)				タネまき(夏秋)				
			間引き(春)				間引き(夏秋)				
			植えつけ(春)					植えつけ(夏秋)			
				追肥(春)				追肥(夏秋)			
					収穫(春)				収穫(夏)		

① タネまき・間引き

4月～5月・8月中旬～9月(タネまき)
4月中旬～6月上旬・8月下旬～10月上旬(間引き)

❶用土に3カ所窪みをつけ、それぞれ1粒ずつタネをまく。折り曲げた紙を使うとまきやすい。土をかぶせて軽く押さえ、たっぷりと水やりをする。

❷本葉が4枚以上になったら、生育の悪い株などをハサミで株元から切って間引き、1ポット1株にする。

② 植えつけ

4月下旬～6月中旬・9月～10月中旬

本葉が6枚以上になったら根鉢を崩さないように苗を取り出し、植えつける。根鉢の表面に土を軽くかぶせ、根と土が密着するように株元を軽く押さえて水やりをする。

③ 追肥

5月～6月・9月中旬～11月中旬

植えつけ後1カ月に1回、土8ℓあたりひとつまみ約10gの化成肥料を土の表面にまき、土と軽く混ぜて水やりをする。

④ 収穫

6月～7月中旬・10月～12月上旬

株の直径が25㎝ほどになったら株元をハサミで切って収穫する。

チマ・サンチュ

—キク科—

難易度　やさしい　ふつう

ポイント

- 暑さ、寒さに強く、病気にも強いため、育てやすい。
- 栽培期間が短く、植えつけから1カ月で収穫できる。外葉からかき取るようにすると、長期間収穫可能。

鉢・肥料

17ℓ以上入る鉢を使う。植えつけ後1カ月に1回追肥する。

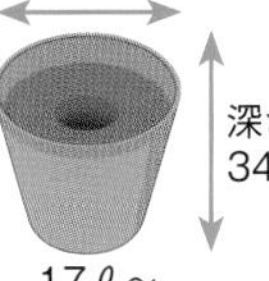

(月)

1	2	3	4	5	6	7	8	9	10	11	12
			タネまき(春)					タネまき(夏秋)			
			間引き(春)						間引き(夏秋)		
			植えつけ(春)						植えつけ(夏秋)		
				追肥(春)					追肥(夏秋)		
				収穫(春)						収穫(夏秋)	

1 タネまき・間引き

2月中旬～5月中旬・8月中旬～9月上旬(タネまき)
3月中旬～5月・9月(間引き)

❶ポットに入れた用土に指先で3カ所窪みをつけ、それぞれの窪みに1粒ずつタネをまく。

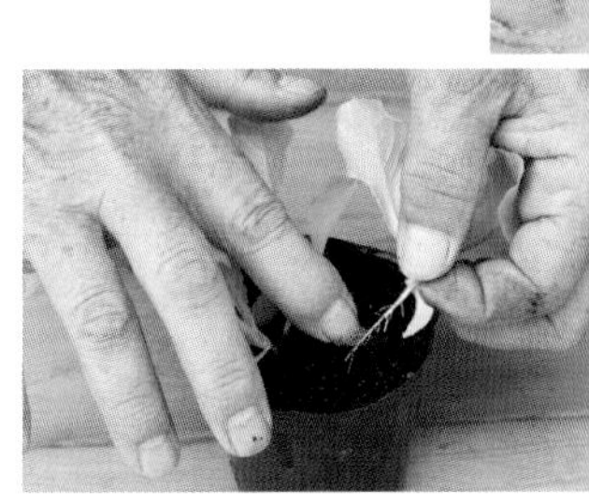

❷本葉が3枚以上出たら、生育の悪い株などを間引き、1ポット1株にする。

2 植えつけ

4月～6月上旬・9月

本葉が6枚以上たら根鉢を崩さないように苗を取り出し、植えつける。根鉢の表面に土を軽くかぶせ、根と土が密着するように株元を軽く押さえて水やりをする。

3 追肥

4月中旬～7月上旬・9月中旬～11月中旬

植えつけ後1カ月に1回、土17ℓあたり軽くひと握り約20gの化成肥料を土の表面にまく。土と肥料を軽く混ぜたら、水やりをする。

4 収穫

5月～7月・10月～12月上旬

葉が15cm程度になったら、下葉から順にかき取って収穫する。収穫が進むと下部の葉はなくなり茎がよく見える。

ツケナ（こぶたかな）

ーアブラナ科ー

難易度　やさしい／ふつう／むずかしい

ポイント

- タカナの中でも、葉軸がやや幅広で、中央部分がコブ状にふくらむ品種。
- 栽培期間が短く、初心者でも簡単に育てられる。
- 漬物、炒め物、スープなどに活用して食べる。

鉢・肥料

28ℓ以上入る鉢を使う。植えつけ後1カ月に1回追肥する。

（月）

作業	1	2	3	4	5	6	7	8	9	10	11	12
タネまき（夏秋）								●	●			
間引き（夏秋）								●	●			
植えつけ（夏秋）									●	●		
追肥（夏秋）									●	●	●	
収穫（夏秋）											●	●

1 タネまき・間引き　8月中旬～9月中旬（タネまき）　8月下旬～9月（間引き）

❶用土に3カ所窪みをつける。それぞれの窪みに1粒ずつタネをまく。土をかぶせて軽く押さえ、水やりをする。

❷本葉が4枚以上になったら生育の悪い株などをハサミで切って間引き、1ポット1株にする。

2 植えつけ　9月～10月上旬

❶本葉が5～6枚になったら根鉢を崩さないように苗を取り出し、根鉢と同じ大きさの穴を掘って植えつける。

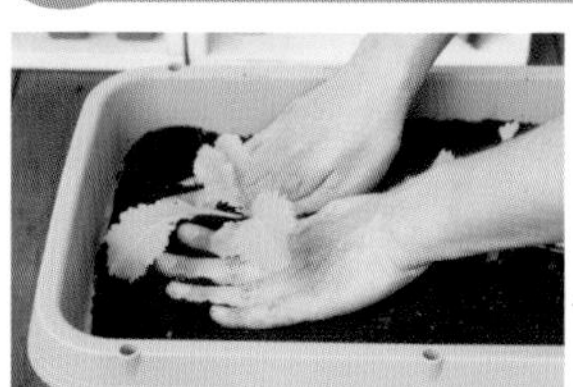

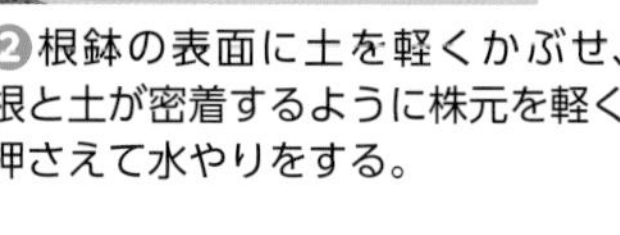

❷根鉢の表面に土を軽くかぶせ、根と土が密着するように株元を軽く押さえて水やりをする。

3 追肥　9月中旬～11月中旬

植えつけ後1カ月に1回、土28ℓあたりひと握り約30gの化成肥料を土の表面にまき、土と軽く混ぜて水やりをする。

4 収穫　11月～12月中旬

直径が40～50㎝ほどになって、葉の途中がふくらんでいたら、株元に包丁を入れて収穫する。

ツケナ（正月菜）

ーアブラナ科ー

難易度 やさしい／ふつう

ポイント

- 在来のカブからできたといわれるコマツナの仲間。東海地方で栽培されることが多く、別名「もち菜」とも呼ばれる。
- 丈夫で育てやすく、タネまき後50日前後で収穫可能。

鉢・肥料

4ℓ以上入る鉢を使う。間引き収穫後1カ月に1回追肥する。

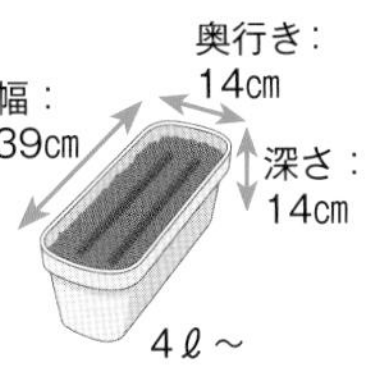

（月）

1	2	3	4	5	6	7	8	9	10	11	12
								タネまき			
								間引き			
								間引き収穫			
								追肥			
									収穫		

1 タネまき　9月～10月中旬

コンテナに入れた用土に指先で浅い溝をつけ、すじまきする。土をかぶせて軽く押さえ、たっぷりと水やりをする。

2 間引き　9月中旬～10月

本葉が2枚以上出たら、1～2㎝程度の間隔になるように間引く。生育の悪い株などをハサミで株元から切る。

3 間引き収穫・追肥　9月下旬～11月上旬（間引き収穫）　9月下旬～11月上旬（追肥）

❶高さが15㎝ほどになったら、株間5㎝程度に間引きながら収穫する。

❷間引き後、1カ月に1回、土4ℓあたり軽くひとつまみ約5gの化成肥料を土の表面にまき、土と軽く混ぜて水やりをする。

4 収穫　11月～12月中旬

高さ15㎝以上になったものから、株元をハサミで切って収穫する。

チンゲンサイ（ミニチンゲンサイ）

—アブラナ科—

難易度　やさしい／ふつう／むずかしい

ポイント

- 生育適温は15～22℃で、涼しい気候を好む。
- 収穫までの期間が短いのが魅力。とくにミニタイプが育てやすい。
- 春～夏秋まきが可能だが、とう立ちしやすいため、初心者であれば夏秋まきがおすすめ。
- 乾燥に弱いため、土が乾燥しないように水やりを欠かさない。
- 夏は、防虫ネットなどで害虫対策をしっかりと行う。

鉢・肥料

5ℓ以上入る鉢を使う。間引き後に1回追肥する。

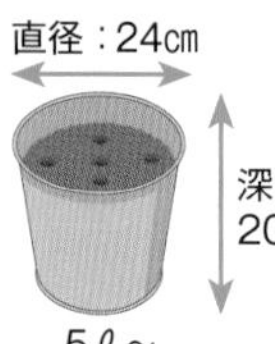

（月）

1	2	3	4	5	6	7	8	9	10	11	12

タネまき
間引き1
間引き2
追肥
収穫

1 タネまき　3月下旬～10月上旬

❶コンテナに入れた用土に、5㎝ほどの間隔をあけて指先で窪みをつけ、それぞれの窪みに3～4粒ずつタネをまく。

❷土をかぶせて軽く押さえ、たっぷりと水やりをする。

2 間引き1　4月～10月中旬

発芽がそろったら、1カ所2株になるように間引く。ほかの株が抜けないように株元を押さえて引き抜く。

3 間引き2　4月中旬～10月

❶本葉が4～5枚になったら、生育の悪い株を選んで間引き、1カ所1株になるようにする。ほかの株が抜けないように株元を押さえて引き抜く。

❷間引いた株は、間引き菜として利用できる。

4 追肥　4月中旬～10月

❶2回目の間引き後に1回程度追肥する。土5ℓあたり軽くひとつまみ約5gの化成肥料を土の表面にまく。

❷土と肥料を軽く混ぜて、水やりをする。

5 収穫　5月中旬～11月上旬

❶高さ20㎝程度になったら収穫する。株元にハサミを入れて切り、株全体を収穫する。

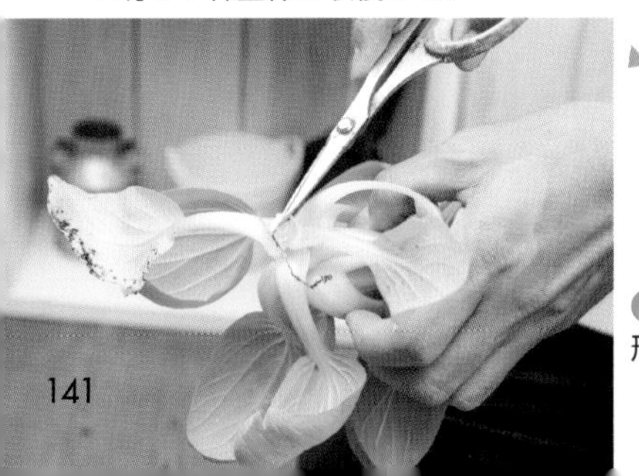

❷不要な葉は切り、形を整える。

ナバナ

―アブラナ科―

難易度　やさしい／**ふつう**／むずかしい

ポイント

- 早生、中生、晩生種があるが、早生、中生なら早く収穫でき、育てやすい。
- 高さ20～30㎝になったら収穫適期。わき芽も収穫する。

鉢・肥料

13.5ℓ以上入る鉢を使う。間引き後1カ月に1回追肥する。

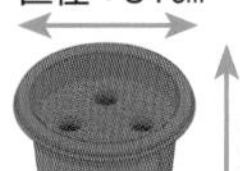

直径：31㎝　深さ：32㎝　13.5ℓ～

（月）

1	2	3	4	5	6	7	8	9	10	11	12
								タネまき			
								間引き1			
					間引き2						
									追肥		
				収穫（翌年）						収穫	

1 タネまき・間引き1

8月中旬～10月上旬（タネまき）
8月下旬～10月中旬（間引き1）

❶用土に指先で3カ所窪みをつける。それぞれの窪みに2～3粒ずつタネをまく。土をかぶせて軽く押さえ、たっぷりと水やりをする。

❷本葉が1～2枚になったら、生育の悪い株などを間引き、1カ所2株になるようにする。

2 間引き2

5月下旬～8月中旬

本葉が4枚以上になったら、生育の悪い株などをハサミで切って間引き、1カ所1株になるようにする。

3 追肥

9月～11月中旬

2回目の間引き後から1カ月に1回追肥する。土13.5ℓあたり軽くひと握り約20ｇの化成肥料を土の表面にまき、土と軽く混ぜて水やりをする。

4 収穫

9月中旬～1月上旬（翌年）、
3月～4月中旬（翌年）

高さ20～30㎝ほどになったら、先端10～15㎝をハサミで切って収穫する。収穫したつぼみのほか、葉もおいしく食べられる。

ニンニク

—ユリ科(ヒガンバナ科)—

難易度　やさしい／**ふつう**

ポイント

- 栽培期間が長いが、育てやすい。
- 根の生育をよくするために、花芽摘みを行う。花芽は料理に活用できる。
- 寒さにあて、冬は休眠させて育てる。

鉢・肥料

5ℓ以上入る鉢を使う。植えつけ後と翌年に追肥する。

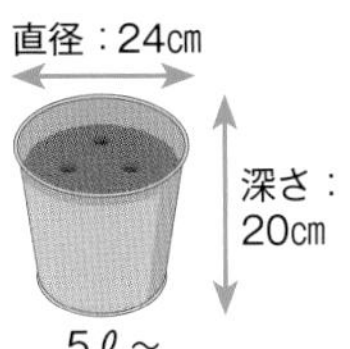

(月)

1	2	3	4	5	6	7	8	9	10	11	12
								━━	植えつけ		
		━━	━━	━━	追肥(翌年)			━━	追肥		
			━━	━━	花芽摘み(翌年)						
					━━	収穫(翌年)					

1 植えつけ　9月

❶タネ球を1片ずつ分け、尖った側を上にして先端が土に1〜2㎝埋まるように10㎝間隔にさし込む。

❷土をかぶせて軽く押さえ、たっぷりと水やりをする。寒さにあたるように外で管理する。

2 追肥　9月中旬〜10月・3月下旬〜5月中旬(翌年)

植えつけ後と翌年活動を開始する時期にそれぞれ1回程度追肥する。土5ℓあたり軽くひとつまみ約5gの化成肥料をまき、土と軽く混ぜて水やりをする。秋の追肥は控えめにする。

3 花芽摘み　4月中旬〜5月中旬(翌年)

春になり、とう立ちして花芽が伸びたら、花芽とその下の茎を摘む。摘み取った花芽はニンニクの芽として利用する。

4 収穫　5月下旬〜6月(翌年)

葉が8割ほど枯れたら収穫する。茎の地ぎわ近くを持ち、引き抜く。収穫後は風通しのよい場所に吊るして乾かす。

ハクサイ（タケノコ白菜）

－アブラナ科－

難易度

やさしい
ふつう
むずかしい

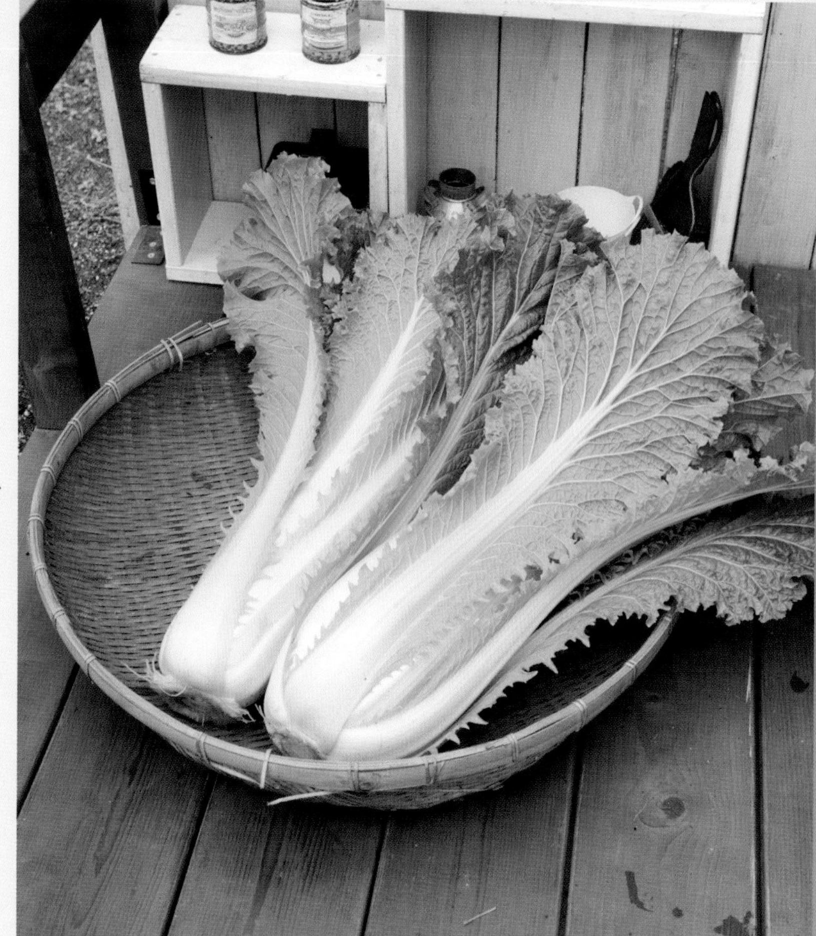

ポイント

- スリムな形をした白菜で、コンテナ栽培向き。
- 水分が少なく、歯切れのよい食感、甘みと風味があり、漬物や加熱調理などに適している。
- タネまき後90日程度で収穫でき、育てやすい。
- アオムシやコナガなどの害虫被害を受けやすいので、防虫ネットなどで対策するとよい。

鉢・肥料

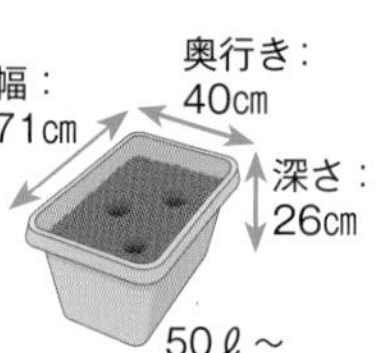

50ℓ以上入る鉢を使う。植えつけ後、1カ月に1～2回追肥する。

（月）

1	2	3	4	5	6	7	8	9	10	11	12
							タネまき	━			
							間引き	━			
								━	植えつけ		
								━	追肥	━	
									━	収穫	━

1 タネまき 8月～9月上旬

❶ポットに入れた用土に指先で3カ所窪みをつけ、それぞれの窪みに1粒ずつタネをまく。

❷土をかぶせて軽く押さえ、たっぷりと水やりをする。

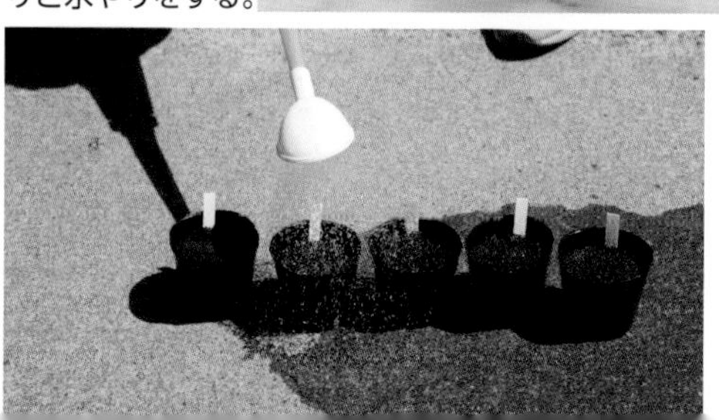

❷ 間引き　8月中旬～9月中旬

本葉が3枚以上になったら間引きをする。生育の悪い株などをハサミで株元から切って間引き、1ポット1株にする。

❸ 植えつけ　9月

❶本葉が4～6枚になったら、根鉢を崩さないように苗を取り出し、根鉢と同じ大きさの穴を掘って植えつける。

❷根鉢の表面に土を軽くかぶせ、根と土が密着するように株元を軽く押さえて水やりをする。

❹ 追肥　9月中旬～11月中旬

❶植えつけ後1カ月に1～2回程度追肥する。土50ℓあたりひと握り約30gの化成肥料を土の表面にまく。

❷土と肥料を軽く混ぜたら、水やりをする。

❺ 収穫　10月下旬～12月

❶タネまき後90日程度経ち、結球したら収穫する。ただし、半結球状態でも収穫してよい。株元を手で軽く押さえて傾け、包丁を入れて切り取る。

❷不要な葉は摘み取って形を整える。

ハクサイ（ミニ白菜）

ーアブラナ科ー

難易度　やさしい　**ふつう**　むずかしい

ポイント

- ハクサイ大玉の約1/4のサイズでコンテナ栽培向き。葉がやわらかいのが特徴。漬物や鍋物、サラダでもおいしく食べられる。
- 春にも栽培できるが、暑さに弱いため、コンテナで栽培するなら秋がおすすめ。
- アオムシやコナガ、アブラムシなどの害虫被害を受けやすい。また病気も発生しやすいので、しっかり病害虫対策をする。

鉢・肥料

28ℓ以上入る鉢を使う。植えつけ後、1カ月1〜2回追肥する。

（月）

作業	1	2	3	4	5	6	7	8	9	10	11	12
タネまき								●	●			
間引き									●			
植えつけ									●			
追肥									●	●		
収穫										●	●	

1 タネまき　8月下旬〜9月上旬

❶ポットに入れた用土に指先で3カ所窪みをつけ、それぞれの窪みに1粒ずつタネをまく。

❷土をかぶせて軽く押さえ、たっぷりと水やりをする。

2 間引き　9月上旬～9月中旬

本葉が3枚以上になったら間引きをする。生育の悪い株などをハサミで株元から切って間引き、1ポット1株にする。

3 植えつけ　9月

❶本葉が4～6枚になったら、根鉢を崩さないように苗を取り出し、根鉢と同じ大きさの穴を掘って植えつける。

❷根鉢の表面に土を軽くかぶせ、根と土が密着するように株元を軽く押さえて水やりをする。

4 追肥　9月中旬～11月上旬

❶植えつけ後、1カ月に1～2回程度追肥する。土28ℓあたりひと握り約30gの化成肥料を土の表面にまく。

❷土と肥料を軽く混ぜたら、水やりをする。

5 収穫　10月下旬～11月中旬

❶株の頭を手で押さえ、ある程度詰まっていれば収穫する。ただし、高さ30㎝ほどになり、結球しはじめでも収穫可能。

❷株を手で軽く押さえて傾け、株元に包丁を入れて切り取る。不要な葉は切り、形を整える。

ブロッコリー

ーアブラナ科ー

難易度

やさしい / **ふつう** / むずかしい

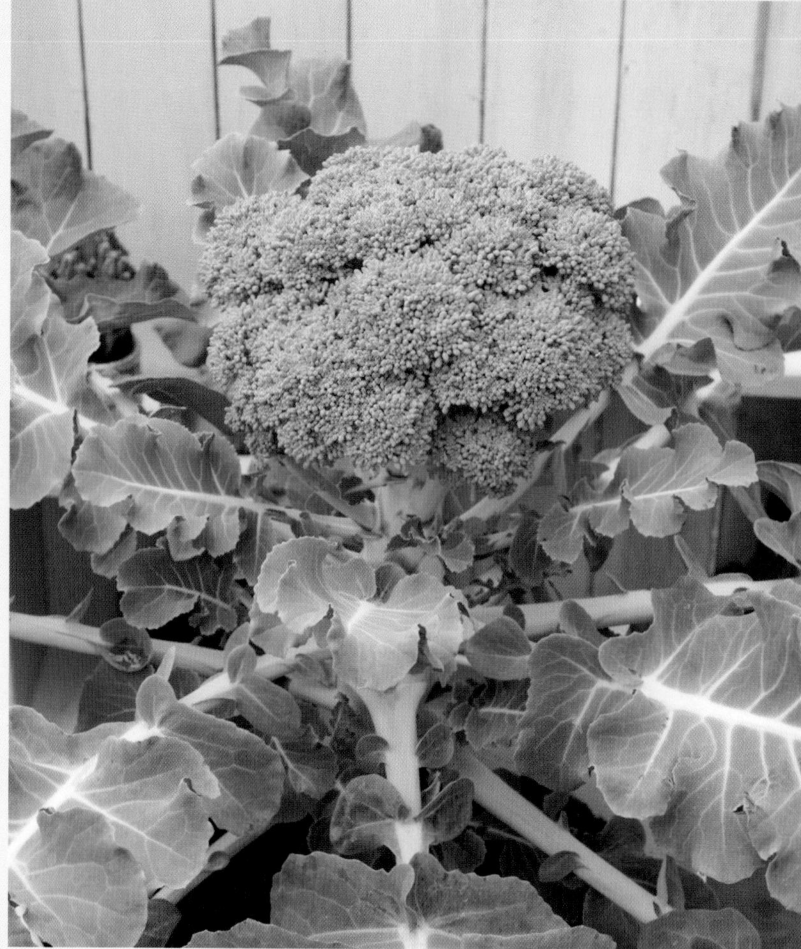

ポイント

- 冷涼な気候を好み、つぼみ（花蕾）が大きくなる時期は高温に弱くなる。夏まきのほうが比較的育てやすい。
- 大きく育つので大きめのコンテナで栽培する。
- 害虫被害を受けやすいので、防虫ネットをかける、こまめに虫を取り除くなどして対策しておくようにする。
- 収穫後にわき芽（側花蕾）が出る品種は、直径3〜5cmに育てて収穫するとよい。

鉢・肥料

26ℓ以上入る鉢を使う。植えつけ後1カ月に1〜2回追肥する。

（月）

1	2	3	4	5	6	7	8	9	10	11	12
			タネまき(春)					タネまき(夏)			
				間引き(春)					間引き(夏)		
				植えつけ(春)					植えつけ(夏)		
			追肥(春)						追肥(夏)		
					支柱立て(春)					支柱立て(夏)	
				収穫(春)						収穫(夏)	

1 タネまき　2月中旬〜3月中旬・7月中旬〜8月中旬

❶ポットに入れた用土に指先で3カ所窪みをつけ、それぞれの窪みに1粒ずつタネをまく。

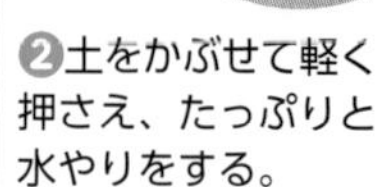

❷土をかぶせて軽く押さえ、たっぷりと水やりをする。

2 間引き　3月〜4月上旬・8月〜9月上旬

本葉が2〜4枚になったら間引きする。生育の悪い株などをハサミで株元から切って間引き、1ポット1株にする。

③ 植えつけ　3月下旬～4月・8月下旬～9月

❶本葉が5枚以上になったら植えつける。根鉢を崩さないように苗を取り出し、根鉢と同じ大きさの穴を掘って植えつける。

❷根鉢の表面に土を軽くかぶせ、根と土が密着するように株元を軽く押さえて水やりをする。

④ 追肥　4月～5月・9月中旬～11月上旬

❶植えつけ後、1カ月に1～2回追肥する。土26ℓあたり軽くひと握り約20ｇの化成肥料を土の表面にまく。

❷土と肥料を軽く混ぜたら、水やりをする。

⑤ 支柱立て　4月中旬～5月上旬・9月下旬～10月中旬

❶株が成長して高くなったら1mほどの支柱を1本立てる。支柱を立てるときは、底までしっかりとさす。

❷茎と支柱をゆるめの8の字結びでしっかり結ぶ。

⑥ 収穫　5月～6月中旬・11月～12月中旬

❶つぼみが直径15㎝以上になったら収穫する。つぼみの下の茎に包丁を入れ、切り取る。

❷収穫後に出たわき芽（側花蕾）は、直径3～5㎝になったらハサミで切って収穫する。

葉ダイコン

—アブラナ科—

難易度

やさしい　ふつう　むずかしい

ポイント

- 暑さ、寒さにも強く、生育旺盛で非常に育てやすい。
- 栽培期間が短く、タネまき後1カ月程度で収穫できる。
- 害虫対策として、防虫ネットなどを活用するとよい。

鉢・肥料

2.5ℓ以上入る鉢を使う。間引き収穫後に1回追肥する。

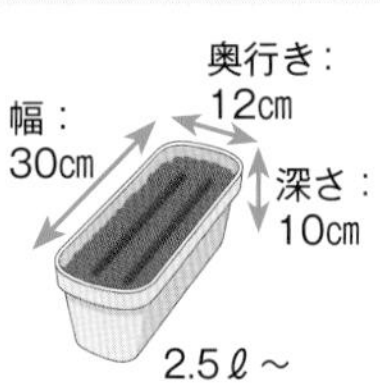

(月)

	1	2	3	4	5	6	7	8	9	10	11	12
タネまき												
間引き												
間引き収穫												
追肥												
収穫												

1 タネまき　3月下旬～10月中旬

用土に指先で浅い溝をつけ、すじまきする。土をかぶせて軽く押さえ、たっぷりと水やりをする。

2 間引き　4月中旬～11月上旬

本葉が1～2枚になったら、株間2～3cmに間引く。間引き菜は捨てずに利用できる。

3 間引き収穫・追肥　4月下旬～11月中旬

❶高さが15cm程度になったら、株間5cmほどに間引きながら収穫する。

❷間引き収穫後、土2.5ℓあたり軽くひとつまみ約5gの化成肥料を土の表面にまき、土と軽く混ぜて水やりをする。

4 収穫　5月～12月中旬

高さ20～25cmほどになったら株元をハサミで切って収穫する。株ごと引き抜いて根を利用してもよい。

ベビーリーフ
ーアブラナ科、キク科などー

難易度 やさしい／ふつう

ポイント

- 栽培期間が短く、初心者でも育てやすい。
- 大きく育たないように、株間は狭くする。
- 株ごと抜かずに、成長点を残して収穫すると再収穫できる。

鉢・肥料

5ℓ以上入る鉢を使う。収穫後に1回追肥する。

直径：30㎝
深さ：16㎝
5ℓ～

（月）

	1	2	3	4	5	6	7	8	9	10	11	12
タネまき			━	━	━	━	━	━	━	━		
収穫					━	━	━	━	━	━	━	
追肥					━	━	━	━	━	━	━	
再収穫					━	━	━	━	━	━	━	━

1 タネまき　3月～10月上旬

❶コンテナに入れた用土にタネをばらまきする。

❷ごく薄く土を足してかぶせ、軽く押さえて水やりをする。

2 収穫・追肥　5月～11月上旬

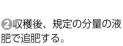

❶葉の長さが10㎝程度になったら、株元を2～3㎝残して収穫する。

❷収穫後、規定の分量の液肥で追肥する。

3 再収穫　5月中旬～12月上旬

葉の長さが再び10㎝程度になったら再収穫する。2～3回ほど収穫できる。

ホウレンソウ

ーアカザ科(ヒユ科)ー

難易度　やさしい　ふつう　むずかしい

ポイント

- 耐寒性があり、冬でも育てられる。育てやすく、コンテナ栽培向き。
- 葉に切れ込みのある東洋種と、切れ込みのない西洋種がある。育てやすいのは、とう立ちしにくく、ほぼ1年中栽培できる西洋種。東洋種は甘みがあり、あくが少ないのが特徴。
- 日が長くなるととう立ちするため、夜に電灯などの光があたらないようにする。

鉢・肥料

2.5ℓ以上入る鉢を使う。2回目の間引き後1カ月に1～2回追肥する。

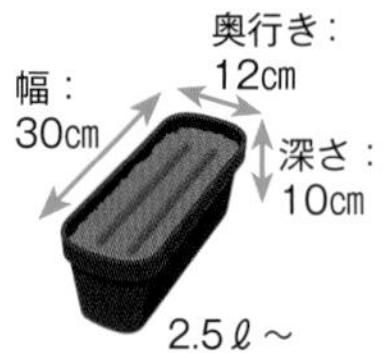

(月)

1	2	3	4	5	6	7	8	9	10	11	12
			タネまき(春)					タネまき(夏秋)			
				間引き1(春)				間引き1(夏秋)			
				間引き2(春)					間引き2(夏秋)		
				追肥(春)					追肥(夏秋)		
		収穫(夏秋/翌年)			収穫(春)					収穫(夏秋)	

1 タネまき　3月中旬～5月・8月中旬～10月中旬

❶コンテナに入れた用土に、10㎝間隔に2カ所溝をつける。タネを均一にすじまきする。

❷土をかぶせて軽く押さえ、たっぷりと水やりをする。

② 間引き1 4月～6月上旬・8月下旬～10月

❶発芽し、子葉が展開したら、隣り合う株の子葉が触れ合う程度（1～2㎝間隔）になるように間引く。

❷ほかの株が抜けないように株元を指で押さえて引き抜く。

③ 間引き2 4月中旬～6月中旬・9月～11月上旬

❶高さが5～6㎝になったら、3～5㎝間隔になるように間引く。

❷生育の悪い株などを株元からハサミで切って間引く。

④ 追肥 4月中旬～6月中旬・9月～12月中旬

❶2回目の間引き後に1回程度追肥する。土2.5ℓあたり軽くひとつまみ約5ｇの化成肥料を土の表面にまく。

❷土と肥料を軽く混ぜて、水やりをする。

⑤ 収穫 5月～8月上旬・9月下旬～2月（翌年）

❶高さ20～25㎝になったものから収穫する。

❷株元にハサミを入れて収穫する。大きく育ちすぎると味が落ちるので、早めに収穫するとよい。

ミズナ

―アブラナ科―

難易度　やさしい／ふつう／むずかしい

ポイント

- 京都でよくつくられていたことから、別名「京菜」ともいう。
- 栽培期間が短く、育てやすい。
- 寒さに強く暑さに弱いので、タネは秋まきが適している。
- 残暑の時期は、防虫ネットなどを利用し、暑さ、害虫を防ぐようにする。
- 間引きを繰り返すことで、大株に育てることができる。

鉢・肥料

5ℓ以上入る鉢を使う。間引き後に1～2回追肥する。

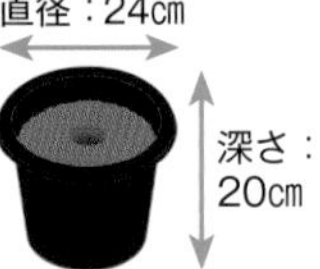

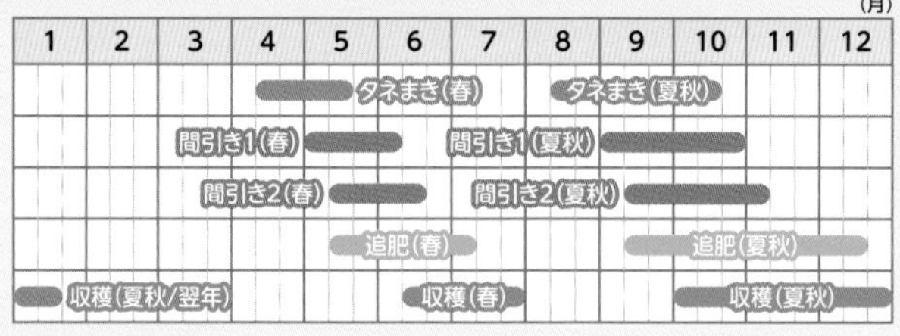

1 タネまき

4月中旬～5月中旬・8月中旬～10月中旬

❶5cmほどの間隔をあけて指先で窪みをつける。

❸土をかぶせて軽く押さえ、たっぷりと水やりをする。

❷それぞれの窪みに2～4粒のタネをまく。

2 間引き1　5月～6月上旬・9月～10月

❶子葉が展開したら、1カ所2株になるよう間引く。

❷ほかの株が抜けないように株元を指で押さえて引き抜く。

3 間引き2　5月中旬～6月中旬・9月中旬～11月上旬

❷高さが15㎝ほどになったら、間引いて1カ所1株にする。

❷生育の悪い株などをハサミで株元から切って間引く。間引いた株の間引き菜は料理に利用する。

4 追肥　5月中旬～7月上旬・9月中旬～12月中旬

❶2回目の間引き後、1～2回程度追肥する。土5ℓあたりひとつまみ約10gの化成肥料を土の表面にまく。

❷土と肥料を軽く混ぜて、水やりをする。

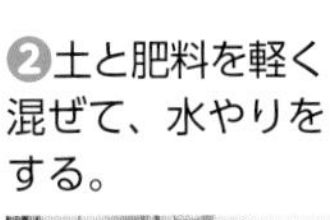

5 収穫　6月中旬～7月・10月～1月中旬（翌年）

❶高さ25㎝ほどになったら収穫する。株元にハサミを入れて切り、株全体を収穫する。

❷大株に育てたい場合は、収穫時に1株だけ残し、しばらく育ててから収穫するとよい。

芽キャベツ

―アブラナ科―

難易度

やさしい
ふつう
むずかしい

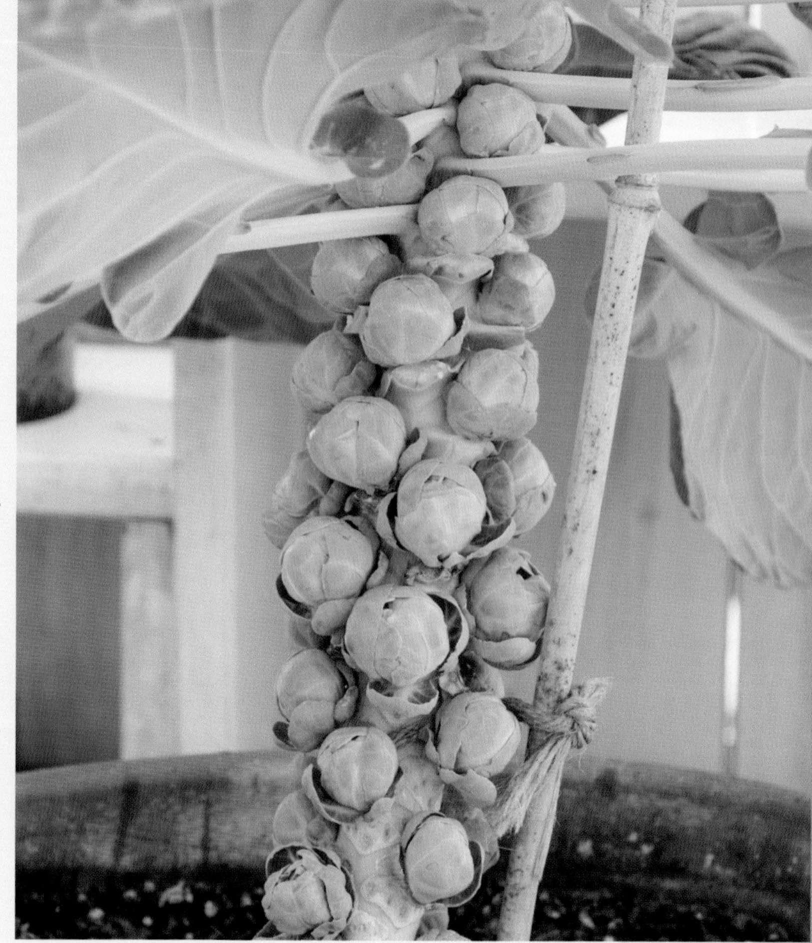

ポイント

- よい球をつけるために、しっかり肥料を施す。
- 植えつけ後は、害虫、暑さ対策のために、防虫ネットを利用するとよい。
- わき芽を太らせるため、株の成長に合わせて下葉をかく。
- 料理に使う際には、一度ゆでてから、汁物、揚げ物、炒め物に使うとよい。ゆでた後、冷凍保存もできる。

鉢・肥料

12ℓ以上入る鉢を使う。植えつけ後1カ月に1～2回追肥する。

幅：23.5㎝　奥行き：23.5㎝　深さ：27㎝　12ℓ～

(月)
1　2　3　4　5　6　7　8　9　10　11　12

タネまき
間引き
植えつけ
追肥
下葉かき/支柱立て
収穫(翌年)
収穫

1 タネまき　7月

❶ポットに入れた用土に指先で3カ所窪みをつけ、それぞれの窪みに1粒ずつタネをまく。

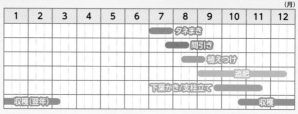

❷土をかぶせて軽く押さえ、たっぷりと水やりをする。

2 間引き　7月中旬～8月中旬

❶本葉が2～3枚になったら間引く。

❷生育の悪い株などをハサミで株元から切って間引き、1ポット1株にする。

3 植えつけ　8月中旬～9月上旬

❶本葉が5枚以上になったら植えつける。根鉢を崩さないように苗を取り出し、根鉢と同じ大きさの穴を掘って植えつける。

❷根鉢の表面に土を軽くかぶせ、根と土が密着するように株元を軽く押さえて水やりをする。

4 追肥　9月～12月中旬

❶植えつけ後1カ月に1～2回追肥する。土12ℓあたりひとつまみ約10gの化成肥料を土の表面にまく。

❷土と肥料を軽く混ぜたら、水やりをする。

5 下葉かき・支柱立て　9月下旬～11月中旬

❶株の下のほうにある葉を数枚かき取り、わき芽の結球を促す。

❷葉をつけ根から摘み取る。とくに色が悪くなった葉や、老化した葉をかき取るようにする。成長するたびに葉はかき取る

❷株が成長して高くなったら支柱を1本立てる。茎と支柱を8の字結びでしっかり結ぶ。

6 収穫　10月下旬～3月上旬（翌年）

結球の大きさが直径2～3㎝になったものから収穫する。下にあるものから順番に手でもぎ取る。下葉も順次かき取る。

コラム

かき取った葉も食べよう

かき取った葉も、料理に利用できる。葉に厚みがあるので一度ゆでてから使うと、さまざまな料理に重宝する。和え物やスープ、炒め物など幅広く利用できる。

芽キャベツ（プチヴェール）

ーアブラナ科ー

難易度

やさしい

ふつう

むずかしい

ポイント

- 芽キャベツとケールから交配してつくられた品種。わき芽が結球せずにフリル状になるのが特徴。
- 基本的には、芽キャベツと育て方は同じ。害虫や暑さ対策のために防虫ネットを利用するとよい。
- 苗を購入して育て、植えつけてから、およそ3～4カ月程度で収穫できる。
- 本葉、花芽も食べられる。生食も可能だが、ゆでると、甘みが増す。

鉢・肥料

幅：23.5cm 奥行き：23.5cm 深さ：27cm 12ℓ～

12ℓ以上入る鉢を使う。植えつけ後1カ月に1～2回追肥する。

1 植えつけ　8月中旬～9月上旬

❶根鉢と同じ大きさの穴を掘る。

❷根鉢を崩さないように苗を取り出し、植えつける。

❸根鉢の表面に土を軽くかぶせ、根と土が密着するように株元を軽く押さえて水やりをする。

2 追肥 9月～12月中旬

❶植えつけ後、1カ月に1～2回追肥する。土12ℓあたりひとつまみ約10gの化成肥料を土の表面にまく。

❷土と肥料を軽く混ぜたら、水やりをする。

3 下葉かき 9月下旬～11月中旬

❶株の下のほうにある葉を数枚かき取り、わき芽の成長を促す。

❷とくに、色が悪くなった葉や、老化した葉をかき取るようにする。成長するたびに順次かき取るとよい。

4 支柱立て 9月下旬～11月中旬

株が成長して高くなったら支柱を1本立てる。茎と支柱を8の字結びでしっかり結ぶ。

5 収穫 10月下旬～3月上旬（翌年）

❶わき芽が直径3～5㎝になったら収穫する。

❷下にあるものから順番に手でもぎ取る。下葉も順次かき取る。

ラッキョウ

－ユリ科（ヒガンバナ科）－

難易度

やさしい

ふつう

むずかしい

ポイント

- 栽培期間が長いが、作業自体は少なく、丈夫なので育てやすい。
- 大きくしたい場合は、新しいタネ球を使うとよい。

鉢・肥料

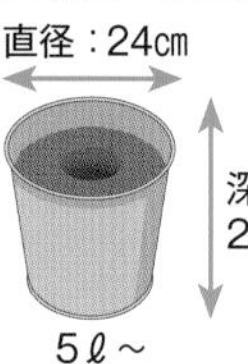

5ℓ以上入る鉢を使う。休眠後、1カ月に1～2回追肥する。

（月）

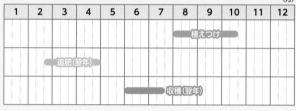

作業	1	2	3	4	5	6	7	8	9	10	11	12
植えつけ								■	■	■		
追肥（翌年）		■	■	■								
収穫（翌年）						■	■					

1 植えつけ　8月～10月中旬

❶用土に1球ずつ芽が上を向くように立て、タネ球の先端がわずかに見えるくらい、さし込むように植えつける。

❷土をかぶせて軽く押さえ、たっぷりと水やりをする。

2 追肥　2月下旬～4月（翌年）

休眠後1カ月に1～2回、土5ℓあたり軽くひとつまみ約5gの化成肥料を土の表面にまき、土と軽く混ぜて水やりをする。

3 収穫　6月～7月中旬（翌年）

地上部が枯れてきたら株ごと引き抜いて収穫する。不要な根と葉をハサミで切り落とす。

リーフレタス

―キク科―

難易度 やさしい／ふつう

ポイント

- タネは光を好むので土は薄くかぶせる。
- 光が長くあたるととう立ちしやすいため、電灯などの光があたらない場所で栽培する。

鉢・肥料

8ℓ以上入る鉢を使う。植えつけ後1カ月に1～2回追肥する。

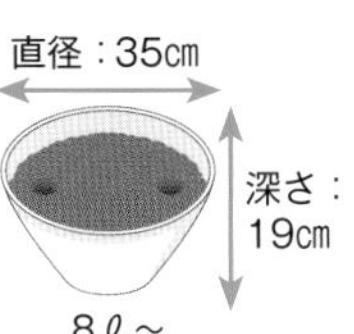

1	2	3	4	5	6	7	8	9	10	11	12
		タネまき(春)						タネまき(秋)			
			間引き(春)							間引き(秋)	
			植えつけ(春)						植えつけ(秋)		
			追肥(春)							追肥(秋)	
		収穫(秋/翌年)		収穫(春)							収穫(秋)

(月)

1 タネまき・間引き

2月下旬～5月上旬・9月～10月(タネまき)
3月中旬～5月中旬・9月下旬～11月上旬(間引き)

❶用土に3カ所浅い窪みをつけ、2～3粒ずつタネをまく。ごく薄く土をかぶせて軽く押さえ、水やりをする。

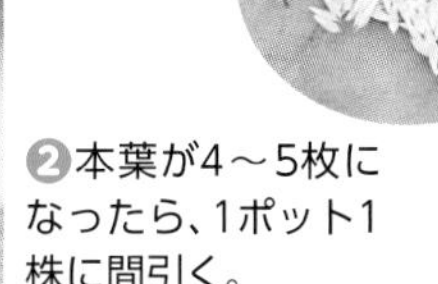

❷本葉が4～5枚になったら、1ポット1株に間引く。

2 植えつけ

3月下旬～5月・10月～11月

本葉が4～5枚になったら、株間15～20cmに植えつける。根鉢の表面に土を軽くかぶせ、株元を軽く押さえて水やりをする。

3 追肥

4月～6月上旬・10月中旬～12月中旬

植えつけ後1カ月に1～2回程度、土8ℓあたりひとつまみ約10gの化成肥料をまき、土と軽く混ぜて水やりをする。

4 収穫

5月～6月・11月中旬～2月中旬(翌年)

株の直径が25～30cmになったら収穫する。株元にハサミを入れて切る。外葉から数枚ずつ少量かき取ると長期間収穫できる。

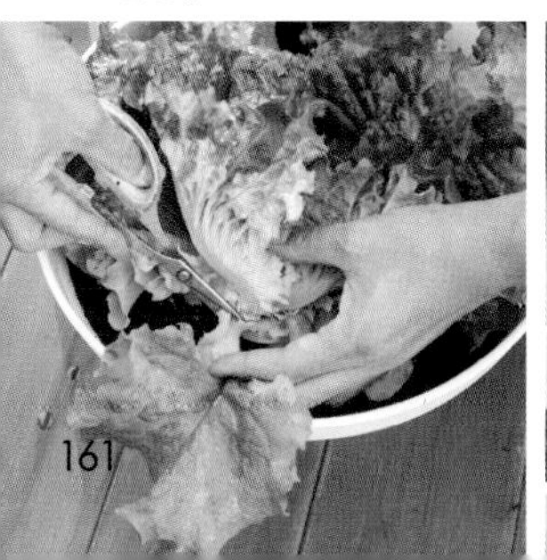

ルッコラ（ロケット）

―アブラナ科―

難易度

やさしい / ふつう / むずかしい

ポイント

- 生育が早く、栽培期間が短いため、育てやすい。
- 暑さに弱いため、秋栽培がおすすめ。
- 雨風にも弱いため、雨ざらしになる場所や風があたる場所には置かない。
- 間引いた株はもちろんのこと、花も食べられる
- 収穫の際には、株ごと引き抜いても、ハサミを使って切ってもよい。

鉢・肥料

4ℓ以上入る鉢を使う。間引き後に1回追肥する。

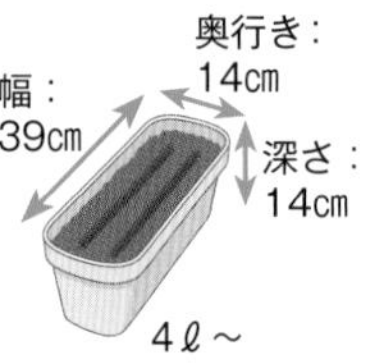

（月）

1	2	3	4	5	6	7	8	9	10	11	12
			タネまき(春夏)					タネまき(秋)			
			間引き1(春夏)					間引き1(秋)			
			間引き2(春夏)						間引き2(秋)		
				追肥(春夏)					追肥(秋)		
				収穫(春夏)					収穫(秋)		

1 タネまき　4月～7月上旬・9月～10月中旬

❶コンテナに入れた用土に、10㎝間隔に2カ所浅い溝をつける。

❷タネが重ならないように、均一にすじまきする。

❸土をかぶせて軽く押さえ、たっぷりと水やりをする。

② 間引き1　4月中旬～7月中旬・9月中旬～10月

❶発芽がそろったら、生育が悪い株などを、ほかの株が抜けないように株元を指で押さえて間引く。

❷最終的に1～2㎝間隔になるようにする。間引いた株は間引き菜として利用する。

③ 間引き2　4月下旬～7月中旬・9月下旬～11月上旬

❶本葉が4～5枚になったら、2回目の間引きを行い、3～5㎝間隔になるように間引く。

❷生育が悪い株などを、ほかの株が抜けないように株元を指で押さえて引き抜く。

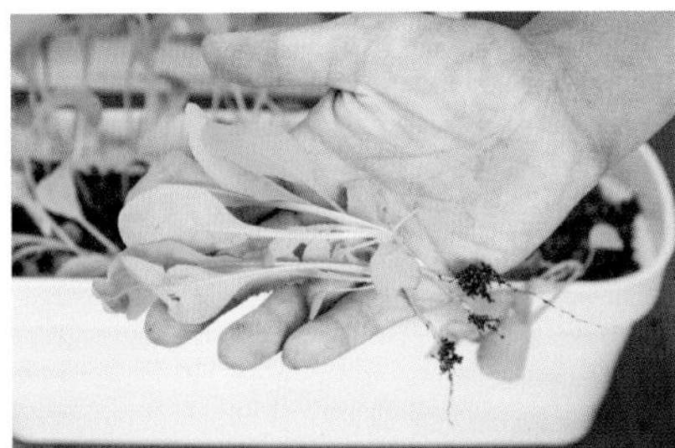

❸間引いた株は間引き菜として利用する。

④ 追肥　5月～7月・10月～11月

❶2回目の間引き後、1カ月に1～2回程度追肥する。土4ℓあたり軽くひとつまみ約5ｇの化成肥料を土の表面にまく。

❷土と軽く混ぜて、水やりをする。

⑤ 収穫　5月中旬～9月上旬・10月中旬～12月

❶高さ15㎝ほどになったものから順次収穫する。

❷株元にハサミを入れて切り、株全体を収穫する。外葉から収穫すると長期間収穫できる。

ロマネスコ

ーアブラナ科ー

難易度

やさしい／**ふつう**／むずかしい

ポイント

- カリフラワーやブロッコリーの仲間で、ユニークなつぼみ（花蕾）をつける。
- カリフラワーよりも甘みがあり、コリっとした食感が味わえる。
- 冷涼な気候を好むため、夏まきで育てるとよい。
- 害虫対策として、植えつけ後には防虫ネットを使うようにする。

鉢・肥料

28ℓ以上入る鉢を使う。植えつけ後、1カ月に1～2回追肥をする。

（月）

1	2	3	4	5	6	7	8	9	10	11	12
							タネまき				
							間引き				
								植えつけ			
									追肥		
										支柱立て	
											収穫

1 タネまき　7月中旬～8月上旬

❶用土に指先で3カ所窪みをつける。それぞれの窪みに1粒ずつタネをまく。

❷土をかぶせて軽く押さえ、たっぷりと水やりをする。

2 間引き　7月下旬～8月

本葉が2～3枚になったら、生育の悪い株などをハサミで株元から切って間引き、1ポット1株にする。

3 植えつけ　8月中旬～9月上旬

❶本葉が5枚以上になったら、株間30㎝に植える。根鉢を崩さないように苗を取り出し、根鉢と同じ大きさの穴を掘って植えつける。

❷根鉢の表面に土を軽くかぶせ、根と土が密着するように株元を軽く押さえて水やりをする。

4 追肥　8月下旬～11月上旬

❶植えつけ10日前後から、1カ月に1～2回追肥をする。土28ℓあたり軽くひと握り約20ｇの化成肥料を土の表面にまく。

❷肥料と土を軽く混ぜて、水やりをする。

5 支柱立て　10月中旬～11月上旬

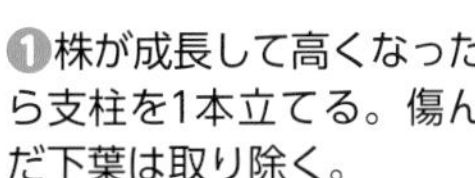

❶株が成長して高くなったら支柱を1本立てる。傷んだ下葉は取り除く。

❷茎と支柱をゆるめの8の字結びでしっかり結ぶ。

6 収穫　11月中旬～12月

つぼみの直径が15㎝以上になり、つぼみのつぶがそろってきたら収穫する。つぼみの下に包丁を入れて、余分な葉は削ぎ落とす。

コラム

蒸しゆでで食感を保つ

収穫したつぼみは、ゆでてもよいが、蒸しゆでにすると、ほどよい食感が保てる。カリフラワーやブロッコリー同様、芯も食べられる。芯はきんぴらなどに利用するとよい。

ロメインレタス

—キク科—

難易度：やさしい／**ふつう**／むずかしい

ポイント

- 生育適温は15～20℃。レタスに比べ、生育適温の範囲が広く、栽培しやすい。
- 春まきはとう立ちしやすいので、秋まきがおすすめ。

鉢・肥料

2.5ℓ以上入る鉢を使う。植えつけ後１カ月に1回追肥する。

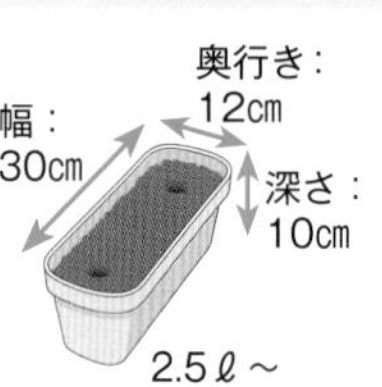

(月)

1	2	3	4	5	6	7	8	9	10	11	12
				タネまき(春)						タネまき(秋)	
			間引き(春)								間引き(秋)
			植えつけ(春)						植えつけ(秋)		
				追肥(春)						追肥(秋)	
					収穫(春)						収穫(秋)

1 タネまき・間引き

3月～4月中旬・9月～10月（タネまき）
3月中旬～5月中旬・9月下旬～11月上旬（間引き）

❶用土に3カ所浅い窪みをつけ、2～3粒ずつタネをまく。土を薄くかぶせて軽く押さえ、水やりをする。

❷本葉が1～2枚になったら、1ポット1株になるように間引く。

2 植えつけ

3月下旬～5月・10月～11月

本葉が4～5枚になったら、株間15～20㎝間隔に植える。根鉢の表面に土を軽くかぶせ、株元を軽く押さえて水やりをする。

3 追肥

4月～6月上旬・10月中旬～12月中旬

植えつけ2週間前後から、1カ月に1回程度、土2.5ℓあたり軽くひとつまみ約5gの化成肥料をまき、土と軽く混ぜて水やりをする。

4 収穫

5月～6月・11月～12月

ゆるく結球し、高さ20～30㎝になったら収穫する。株元にハサミを入れて切る。少量ずつ収穫したい場合は、外側からかき取る。

Part 5

秋に栽培する根もの野菜

冬に旬を迎えるダイコンなどは夏・秋にタネをまいて秋・冬に収穫するのがおすすめです。根もの野菜は、地中深くに根が伸びるため、基本的に深さのあるコンテナを使用しましょう。

カブ（小カブ）

ーアブラナ科ー

難易度　やさしい　ふつう　むずかしい

ポイント

- 栽培期間が短く、失敗しにくいので育てやすい。
- 生育適温は20～25℃。冷涼な気候を好み、夏の暑さには弱い。
- 土の乾燥は根が割れる原因となる。根が割れると味も落ちるため、土が乾燥しないように水やりを欠かさない。
- 最終的な株間が5～8㎝になるように、何回かに分けて間引く。間引き菜は料理に利用できる。

鉢・肥料

4ℓ以上入る鉢を使う。間引き後に1回追肥する。

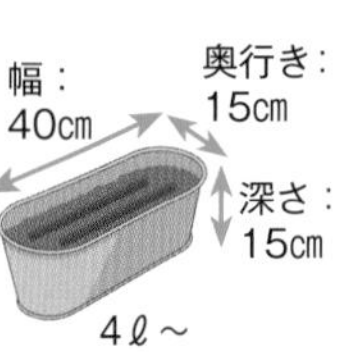

(月)

1	2	3	4	5	6	7	8	9	10	11	12
				タネまき(春)				タネまき(夏秋)			
				間引き1(春)				間引き1(夏秋)			
				間引き1(春)				間引き2(夏秋)			
				追肥(春)				追肥(夏秋)			
				間引き3(春)				間引き3(夏秋)			
					収穫(春)				収穫(夏秋)		

1 タネまき　3月下旬～6月上旬・7月下旬～9月

❶コンテナに入れた用土に、10㎝間隔に2カ所浅い溝をつける。

❷タネが重ならないように、均一にタネをすじまきする。

❸土をかぶせて軽く押さえ、たっぷりと水やりをする。

2 間引き1 4月～6月中旬・8月～10月上旬

❶本葉が1～2枚になったら、間引きをする。

❷ほかの株が抜けないように株元を指で押さえて引き抜き、1～2cm間隔になるように間引く。間引き菜は捨てずに利用する。

3 間引き2 4月中旬～6月中旬・8月中旬～10月中旬

❶本葉が3～4枚になったら、2回目の間引き。ほかの株が抜けないように株元を指で押さえながら間引く。

❷株間2～3cm間隔になるように間引く。

4 追肥 4月中旬～6月・8月中旬～10月

❶2回目の間引き後に1回追肥する。土4ℓあたり軽くひとつまみ約5gの化成肥料を土の表面にまく。

❷土と軽く混ぜて、水やりをする。

5 間引き3 4月下旬～6月・8月中旬～10月

❶株が10cmくらいの高さになり、株元に小さなカブが見えはじめたら、ハサミで切って間引く。

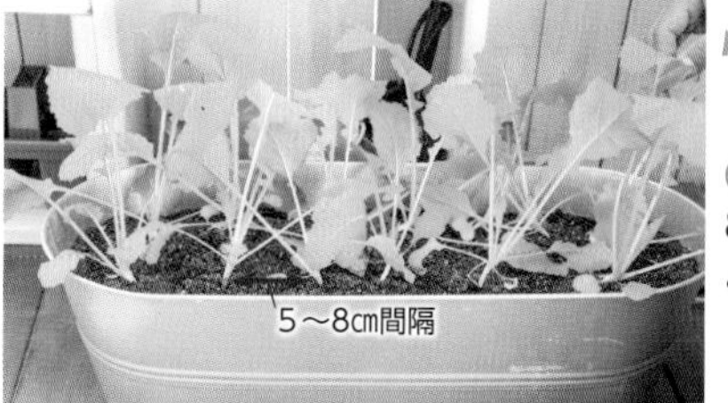

❷最終的に5～8cm間隔になるように間引く。

6 収穫 5月中旬～7月上旬・8月下旬～11月

❶根の直径が5～6cmになったものから順次収穫する。

❷葉の株元近くを持って引き抜く。

カブ（金カブ）

ーアブラナ科ー

難易度　やさしい　ふつう　むずかしい

ポイント

●皮も果肉も黄金色のカブ。そのまま焼いたり、漬物にすると、色も楽しめる。
●収穫が遅れると割れることがあるので注意する。

鉢・肥料

5ℓ以上入る鉢を使う。2回目の間引き後に1回追肥する。

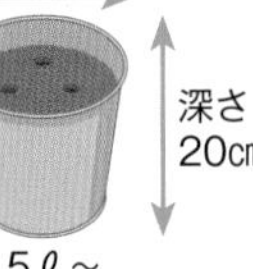

(月)

タネまき	8～9月
間引き1	8～10月
間引き2	8～10月
追肥	9～10月
収穫（夏秋）	9～11月

1 タネまき　8月～9月

用土に10㎝間隔に3カ所窪みをつけ、2～3粒ずつタネをまいて軽く押さえて水やりをする。

2 間引き1・間引き2　8月中旬～10月上旬（間引き1）　8月下旬～10月中旬（間引き2）

❶本葉が1～2枚出たら、生育の悪い株などを間引き、1カ所2株にする。

❷本葉が4～6枚になったら、2回目の間引きで1カ所1株にする。

3 収穫・追肥　8月下旬～10月

2回目の間引き後に1回、土5ℓあたりひとつまみ約10ｇの化成肥料を土の表面にまき、土と軽く混ぜて水やりをする。

4 収穫　9月中旬～11月

根の直径5～8㎝ほどになったら、葉の株元近くを持ち、引き抜いて収穫する。

カブ（遠野カブ）

— アブラナ科 —

難易度　やさしい　ふつう

ポイント

- 岩手県遠野市の地方野菜。地元では「暮坪かぶ」と呼ばれる。
- 辛味が強く、おろしてそばなどの薬味にするとよい。
- 温暖地では、辛味が出ないことがある。

鉢・肥料

17ℓ以上入る鉢を使う。間引き後に1回追肥する。

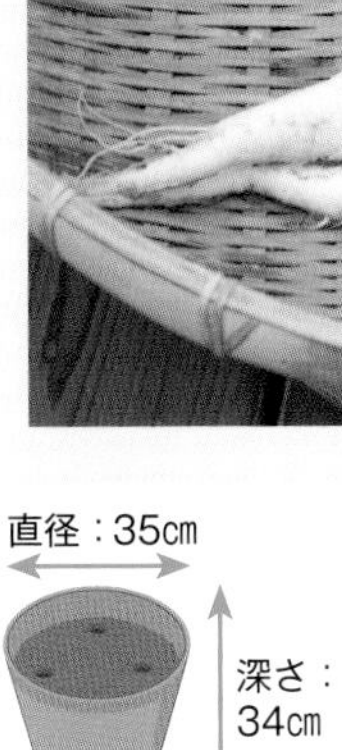

直径：35㎝　深さ：34㎝　17ℓ～

（月）

	1	2	3	4	5	6	7	8	9	10	11	12
タネまき								タネまき				
間引き1									間引き1			
間引き2									間引き2			
追肥									追肥			
収穫										収穫		

1 タネまき　8月下旬～9月

15㎝間隔に3カ所窪みをつけ、2～3粒ずつタネをまく。土をかぶせて軽く押さえ、水やりをする。

2 間引き1・間引き2　9月～10月上旬（間引き1）9月中旬～10月中旬（間引き2）

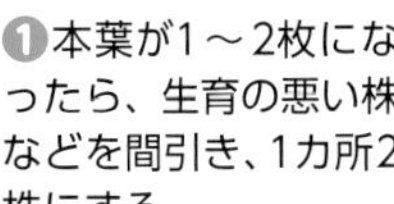

❶本葉が1～2枚になったら、生育の悪い株などを間引き、1カ所2株にする。

❷本葉が4枚以上になったら間引いて1カ所1株にする。

3 追肥　9月中旬～11月上旬

2回目の間引き後に1回、土17ℓあたり軽くひと握り約20gの化成肥料を土の表面にまき、土と軽く混ぜて水やりをする。

4 収穫　10月中旬～11月

根の太さが4～5㎝になったら、葉の株元近くを持ち、引き抜いて収穫する。

カブ（聖護院カブ）

―アブラナ科―

難易度
やさしい
ふつう
むずかしい

ポイント

- 京野菜の一種。千枚漬けに使われることが多いが、煮物など、加熱調理してもおいしい。
- 生育適温は15～25℃前後。
- 直径15～20㎝の大カブ。大きいものでは重さ1kg以上になるものもある。コンテナは大きなものを使用する。
- 土の乾燥は根が割れる原因となるので水やりを欠かさないように気をつける。

鉢・肥料

25ℓ以上入る鉢を使う。間引き後1～2回追肥する。

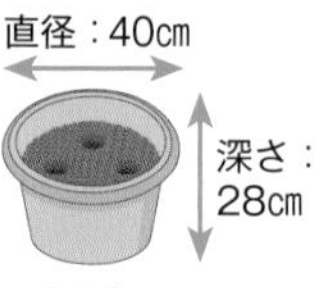

（月）

1	2	3	4	5	6	7	8	9	10	11	12
							タネまき				
								間引き1			
								間引き2			
								追肥			
									収穫		

1 タネまき　8月下旬～9月

❶コンテナに入れた用土に、指先で20㎝間隔に3カ所窪みをつける。

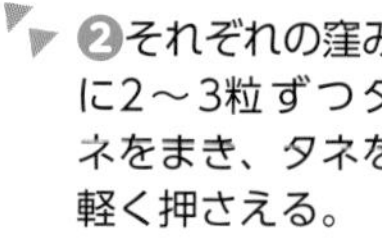

❷それぞれの窪みに2～3粒ずつタネをまき、タネを軽く押さえる。

❸土をかぶせて軽く押さえ、たっぷりと水やりをする。

② 間引き1　9月～10月上旬

❶本葉が1～3枚になったら、生育の悪い株などを間引く。

❷ほかの株が抜けないように株元を指で押さえて引き抜き、1カ所2株にする。

③ 間引き2　9月中旬～10月中旬

本葉が4枚以上になったら、2回目の間引きを行う。1カ所1株になるよう、生育の悪い株などをハサミで間引く。

④ 追肥　9月中旬～10月

❶2回目の間引き後から1～2回程度追肥する。土25ℓあたり軽くひと握り約20gの化成肥料を土の表面にまく。

❷土と軽く混ぜて、水やりをする。

⑤ 収穫　10月中旬～12月

根の直径が15㎝以上になったら収穫する。葉の株元近くを持って引き抜く。

ダイコン（ミニダイコン）

— アブラナ科 —

難易度　やさしい／ふつう／むずかしい

ポイント

- 栽培期間が短く、つくりやすい。ミニダイコンだから、コンテナで栽培しやすく、使い切りサイズで便利。
- 春も栽培できるが、秋まきなら、病害虫の心配が少ない。
- 用土の中に枝などの異物があると、根が変形することがあるため、土を選ぶときは注意する。
- 外葉が下がって、葉全体が開いてきたら収穫のサイン。

鉢・肥料

26ℓ以上入る鉢を使う。間引き後に1回追肥する。

1 タネまき

4月下旬〜5月中旬・
8月中旬〜9月上旬

❶コンテナに入れた用土に、10cm間隔に5カ所窪みをつける。

❷窪み1カ所に4〜5粒タネをまく。

❸タネを軽く押さえ、土をかぶせて軽く押さえ、たっぷりと水やりをする。

② 間引き1　5月・8月下旬～9月中旬

❶本葉が1～3枚になったら、1カ所2株になるように間引く。

❷生育の悪い株などをほかの株が抜けないように株元を指で押さえて引き抜く。

③ 間引き2　5月中旬～6月上旬・9月

❶本葉が4～5枚になったら、2回目の間引き。

❷生育の悪い株などをハサミで株元から切って間引き、1カ所1株になるようにする。間引き菜は料理に利用する。

④ 追肥　5月中旬～6月中旬・9月～11月中旬

❶2回目の間引き後に1回程度追肥する。土26ℓあたりひと握り約30gの化成肥料を土の表面にまく。

❷肥料と土を軽く混ぜて、水やりをする。収穫までに葉の色が悪くなったら再度追肥をする。

⑤ 収穫　6月～7月上旬・10月中旬～12月

根が10㎝前後地上から出たら収穫する。根の上部を持ち、引き抜く。

ダイコンの花

収穫せずにそのままにしておくと、4～5月に花が咲くことがある。ダイコンの花は白、もしくは薄い紫色をした小さな花で、可憐なイメージ。観賞用に残してもよい。

ダイコン（打木源助大根）

ーアブラナ科ー

難易度：ふつう（やさしい／ふつう／むずかしい）

ポイント

- 石川県金沢の伝統野菜。首の部分が薄緑色でずんぐりとした形で、根が短いのでコンテナ向き。
- 生育適温は15～25℃。寒さ、病気に強く、種まき後60日程度で収穫でき、栽培しやすい。
- 甘みが強く、水分量も多いので、煮物に使うのがおすすめ。生食も可能で、おろし大根や、サラダなどでも楽しめる。

鉢・肥料

26ℓ以上入る鉢を使う。間引き後に1回追肥する。

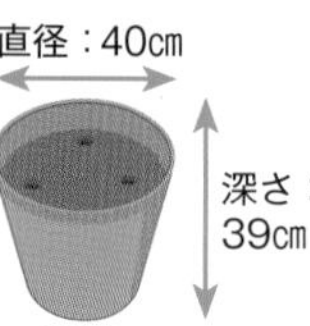

（月）

1	2	3	4	5	6	7	8	9	10	11	12
							タネまき	タネまき			
								間引き1	間引き1		
								間引き2	間引き2		
								追肥	追肥		
									収穫	収穫	

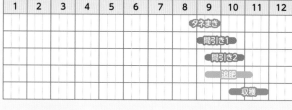

1 タネまき　8月下旬～9月

❶コンテナに入れた用土に、10cm間隔に3カ所窪みをつける。それぞれの窪みに2～3粒ずつタネをまく。

❷タネを軽く押さえ、土をかぶせて軽く押さえて、たっぷりと水やりをする。

2 間引き1　9月～10月中旬

❶本葉が1～2枚出たら、生育の悪い株などを間引き、1カ所2株にする。

❷ほかの株が抜けないように株元を指で押さえて引き抜く。

3 間引き2　9月中旬～10月

本葉が5枚以上出たら、2回目の間引きを行う。1カ所1株になるよう、生育の悪い株などをハサミで切り、間引く。間引き菜も料理に利用できる。

4 追肥　9月中旬～11月上旬

❶2回目の間引き後に1回程度追肥する。土26ℓあたりひと握り約30gの化成肥料を土の表面にまく。

❷土と軽く混ぜて、水やりをする。

5 収穫　10月中旬～11月

根が地上部に10㎝ほど出たら収穫する。根の上部を持ち、引き抜く。

ダイコン（黒丸大根）

－アブラナ科－

難易度　やさしい／ふつう／むずかしい

ポイント

- ヨーロッパで古くから栽培されている品種。黒いカブのような形、表面がざらざらとしているのが特徴的。
- 生育適温は17～21℃。平均気温が25℃を超えると根の肥大が悪くなることがある。
- 栽培期間は2カ月程度で早めに収穫できるのが魅力。
- 肉質が締まった印象で、辛味大根とよく似ている。

鉢・肥料

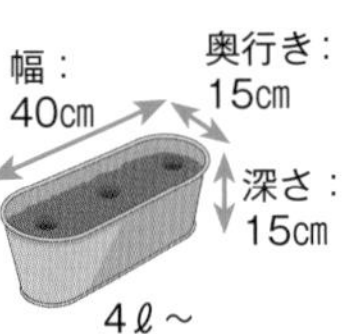

4ℓ以上入る鉢を使う。間引き後に1回追肥する。

（月）

1	2	3	4	5	6	7	8	9	10	11	12
								タネまき			
								間引き1			
									間引き2		
									追肥		
										収穫	

1 タネまき　8月下旬～9月

❶用土に、指先で15㎝間隔に3カ所窪みをつける。

❷それぞれの窪みに2～3粒ずつタネをまく。

❸タネを軽く押さえ、土をかぶせて軽く押さえて、たっぷりと水やりをする。

2 間引き1　9月～10月中旬

本葉が1～2枚出たら、ほかの株が抜けないように株元を指で押さえて引き、1カ所2株にする。

3 間引き2　9月中旬～10月

本葉が3～5枚になったら、2回目の間引きを行う。1カ所1株になるよう、生育の悪い株などをハサミで間引く。

4 追肥　9月中旬～11月上旬

❶2回目の間引き後に1回程度追肥する。土4ℓあたり軽ひとつまみ約5gの化成肥料を土の表面にまく。

❷肥料と土を軽く混ぜて、水やりをする。

5 収穫　11月～1月中旬（翌年）

タネまき後60日ほど経ったら収穫する。葉の株元近くを持ち、引き抜く。皮は黒いが、中身は白い。

コラム

加熱するとホクホクとした食感に

煮る、蒸すなどの加熱調理をすると、芋のようなホクホクとした食感が楽しめる。すりおろしたものは、ホースラディッシュのような辛味がある。

ダイコン（紅芯大根）

— アブラナ科 —

難易度 やさしい／ふつう／むずかしい

ポイント

- 皮は白色だが、中身はきれいなピンク色をしているのが特徴。肉質はやわらかく、甘みがある。
- 寒さに強く、病害虫の被害にも受けにくいので育てやすい。

鉢・肥料

12ℓ以上入る鉢を使う。間引き後に1回追肥する。

幅：23.5㎝　奥行き：23.5㎝　深さ：27㎝　12ℓ～

（月）

作業	1	2	3	4	5	6	7	8	9	10	11	12
タネまき								●	●			
間引き1									●	●		
間引き2									●	●		
追肥									●	●	●	
収穫	●										●	●

1 タネまき　8月下旬～9月

用土の中央に窪みをつけ、2～3粒ずつタネをまく。土をかぶせて軽く押さえ、水やりをする。

2 間引き1/2　9月～10月中旬（間引き1）9月中旬～10月（間引き2）

❶本葉が1～2枚になったら間引いて、1カ所2株にする。

❷本葉が4～5枚になったら間引いて、1カ所1株にする。

3 追肥　9月中旬～11月上旬

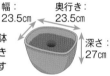

2回目の間引き後1カ月に1回程度、土12ℓあたり軽くひとつまみ約10ｇの化成肥料を土の表面にまく。土を軽く混ぜて、水やりをする。

4 収穫　11月～12月中旬

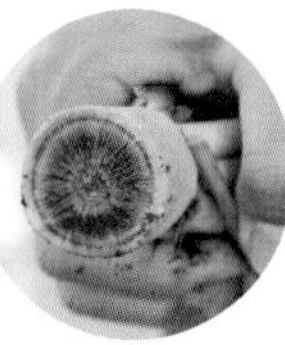

根の直径が7～9㎝ほどになったら、引き抜いて収穫する。タネが不安定なため、まれに皮がピンク色、中身が白色になることがある。

ダイコン（ねずみ大根）

ーアブラナ科ー

難易度　やさしい／ふつう

ポイント

- 生育適温は17～21℃で冷涼な気候を好む。
- 大きくなりすぎると辛味が弱まるので、小さめで収穫する。

鉢・肥料

13.5ℓ以上入る鉢を使う。間引き後に1回追肥する。

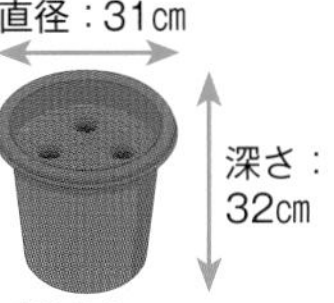

（月）

1	2	3	4	5	6	7	8	9	10	11	12
							タネまき				
								間引き1			
								間引き2			
								追肥			
										収穫	

1 タネまき　8月下旬～9月

用土に、15㎝間隔に3カ所窪みをつけ、2～3粒ずつタネをまく。

2 間引き1/2　9月～10月中旬（間引き1）9月中旬～10月（間引き2）

❶本葉が1～2枚になったら間引いて、1カ所2株にする。

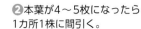

❷本葉が4～5枚になったら1カ所1株に間引く。

3 追肥　9月中旬～11月上旬

2回目の間引き後に1回程度追肥する。土13.5ℓあたり軽くひとつまみ約10ｇの化成肥料を土の表面にまく。

4 収穫　11月中旬～12月中旬

根の直径8㎝、長さ8～10㎝ほどになったら、根の上部を持ち、引き抜いて収穫する。

ダイコン（聖護院大根）

―アブラナ科―

難易度：やさしい／**ふつう**／むずかしい

ポイント

- 京野菜のひとつ。別名「淀大根」とも呼ばれる。
- 水はけのよい土を好むため、鉢底の水はけのよいコンテナを使用する。
- 大きく育つので大きいコンテナを使用する。
- まろやかさと甘みが特徴で、繊維が少なく、肉質がやわらかい。また、水分量が多いため、千枚漬けなどの漬物に向く。

鉢・肥料

26ℓ以上入る鉢を使う。間引き後に1～2回追肥する。

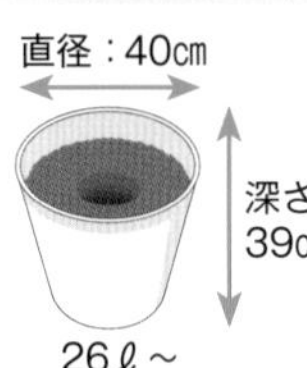

（月）

1	2	3	4	5	6	7	8	9	10	11	12
								タネまき			
								間引き1			
									間引き2		
									追肥		
収穫											収穫

1 タネまき　8月下旬～9月

❶コンテナに入れた用土の中央に指先で窪みをつけ、窪みに2～3粒タネをまく。

❷土をかぶせる前にタネを軽く押さえ、土をかぶせて軽く押さえて、たっぷりと水やりをする。

2 間引き1 9月～10月中旬

❶本葉が1～2枚になったら、生育の悪い株などを間引き、1カ所2株にする。

❷ほかの株が抜けないように株元を指で押さえて引き抜く。

3 間引き2 9月中旬～10月

❶本葉が5枚以上になったら、2回目の間引きを行う。

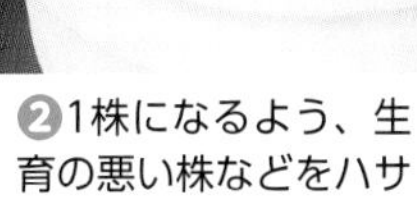

❷1株になるよう、生育の悪い株などをハサミで間引く。

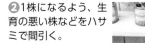

4 追肥 9月中旬～11月上旬

❶2回目の間引き後に1回程度追肥する。土26ℓあたり軽くひと握り約20ｇの化成肥料を土の表面にまく。

❷肥料と土を軽く混ぜて、水やりをする。その後生育の様子を見ながら必要ならもう1回追肥する。

5 収穫 11月中旬～1月中旬（翌年）

地上に出ている根の直径が10㎝以上になり、外葉が広がって下がるようになったら収穫する。葉の株元近くを持ち、引き抜く。

ニンジン（ミニニンジン）

ーセリ科ー

難易度：やさしい／ふつう／むずかしい

ポイント

- 冷涼な気候を好むが、株が小さい時期は比較的高温にも耐える。
- 低温で花芽がつくので、夏まき秋栽培がおすすめ。
- タネまき後の土の乾燥は発芽を極端に遅くするので、発芽するまではしっかりと水やりする。
- タネは光を好むので、タネまき時にごく薄く土をかぶせる。

鉢・肥料

12ℓ以上入る鉢を使う。間引き後に1回追肥する。

幅：23.5cm　奥行き：23.5cm　深さ：27cm　12ℓ～

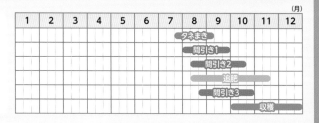

（月）

1	2	3	4	5	6	7	8	9	10	11	12

タネまき／間引き1／間引き2／追肥／間引き3／収穫

1 タネまき　7月下旬～9月上旬

❶用土に5cm間隔に3カ所浅い溝をつける。タネが重なるほど厚くすじまきする。

❷土をごく薄くかぶせて軽く押さえ、やさしく水やりをする。

2 間引き1　8月～9月

❶発芽したら生育の悪い株などを間引き、0.5～1cm間隔になるようにする。

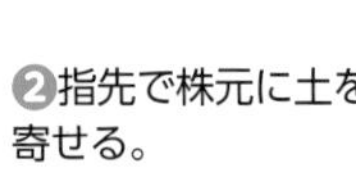

❷指先で株元に土を寄せる。

③ 間引き2　8月中旬～10月中旬

❶本葉が1～2枚になったら、2回目の間引きを行う。

❷株間が1～2㎝になるよう、生育の悪い株などをハサミで間引く。

④ 追肥　8月中旬～11月中旬

❶2回目の間引き後に1回程度追肥する。土12ℓあたりひとつまみ約10gの化成肥料を土の表面にまく。

❷肥料と土を軽く混ぜて、水やりをする。

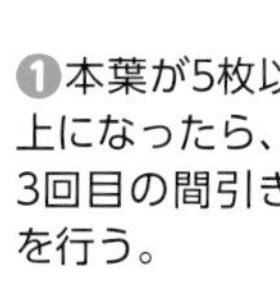

⑤ 間引き3　8月下旬～10月

❶本葉が5枚以上になったら、3回目の間引きを行う。

❷株間が3～4㎝になるよう、生育の悪い株などを手で引き抜く。間引き菜は根も葉も料理に利用できる。

⑥ 収穫　10月～12月

地上に出ている根の太さが2㎝前後になったら収穫する。葉の株元近くを持ち、引き抜く。

コラム

ニンジンの花

ニンジンの花は、白い小さな花が複数集まった状態で咲く。開花時期は6～8月。レースのような見た目がかわいらしい。

ニンジン（丸ニンジン）

ーセリ科ー

難易度：やさしい／ふつう／むずかしい

ポイント

- コロンとした丸い形のニンジン。
- 草丈が短く、密に栽培しても問題ない。
- 間引いた葉も料理に使うとよい。

鉢・肥料

2.5ℓ以上入る鉢を使う。2回目の間引き後に1回追肥する。

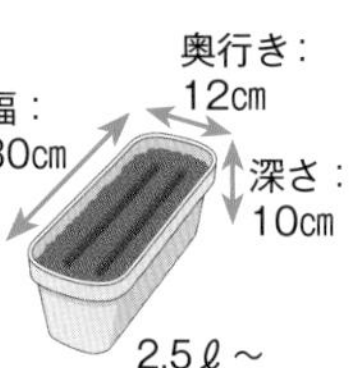

（月）

作業	1	2	3	4	5	6	7	8	9	10	11	12
タネまき								●	●			
間引き1								●	●			
間引き2								●	●	●		
追肥								●	●	●	●	
間引き3									●	●		
収穫										●	●	●

1 タネまき　8月～9月

用土に5cm間隔で2カ所浅い溝をつけてすじまきする。土を薄くかぶせて軽く押さえ、水やりをする。

2 間引き1/2　8月中旬～9月（間引き1）　8月下旬～10月中旬（間引き2）

❶本葉が1～2枚になったら、間引いて0.5～1cm間隔になるようにする。

❷本葉が3～4枚になったら、1～2cm間隔に間引く。

3 追肥・間引き3　8月下旬～11月中旬（追肥）　9月～10月（間引き3）

❶2回目の間引き後に1回程度追肥する。土2.5ℓあたり軽くひとつまみ約5gの化成肥料を土の表面にまく。

❷本葉が5～6枚になったら、3～4cm間隔に間引く。

4 収穫　10月中旬～12月

根の直径が3～4cmほどになったら、引き抜いて収穫する。

ラディッシュ

―アブラナ科―

難易度　やさしい　ふつう

ポイント

- 栽培期間が短く、育てやすい。
- 時期を守って間引きを行うことが大切。
- 大きく育ちすぎると味が落ちるので注意する。

鉢・肥料

2.5ℓ以上入る鉢を使う。間引き後に1回追肥する。

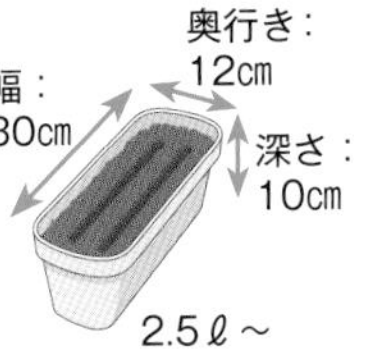

（月）

1	2	3	4	5	6	7	8	9	10	11	12
				タネまき(春)					タネまき(夏秋)		
					間引き1(春)					間引き1(夏秋)	
		間引き2(春)					間引き2(夏秋)				
				追肥(春)					追肥(夏秋)		
					収穫(春)				収穫(夏秋)		

1 タネまき　3月下旬～5月上旬・8月下旬～10月上旬

用土に3㎝間隔で2カ所溝をつけてすじまきする。土をかぶせて軽く押さえて水やりをする。

2 間引き1/2　4月～5月中旬・9月～10月中旬（間引き1）　4月中旬～5月・9月中旬～10月（間引き2）

❶本葉が1～2枚になったら、1～2㎝間隔になるように間引く。

❷本葉が4～5枚になったら、4～5㎝間隔に間引く。

3 追肥　4月中旬～6月上旬・9月中旬～11月中旬

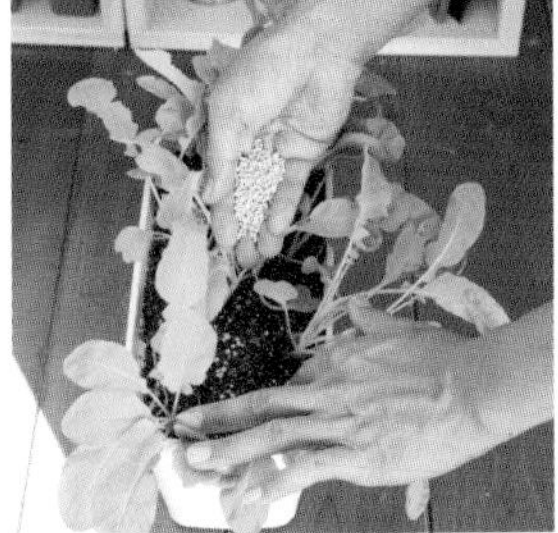

2回目の間引き後に1回、土2.5ℓあたり軽くひとつまみ約5gの化成肥料を土の表面にまく。土を軽く混ぜて、水やりをする。

4 収穫　5月中旬～6月・9月下旬～12月上旬

根の直径が2～3㎝ほどになったら、葉の株元近くを持ち、引き抜いて収穫する。

カイワレダイコン ーアブラナ科ー

難易度
やさしい
ふつう
むずかしい

ポイント

- スプラウト用のコンテナを使用。なければボウルとザルを代用する。
- スプラウト専用のタネを必ず使用する。
- タネまき前に1晩水につけておくと発芽しやすい。

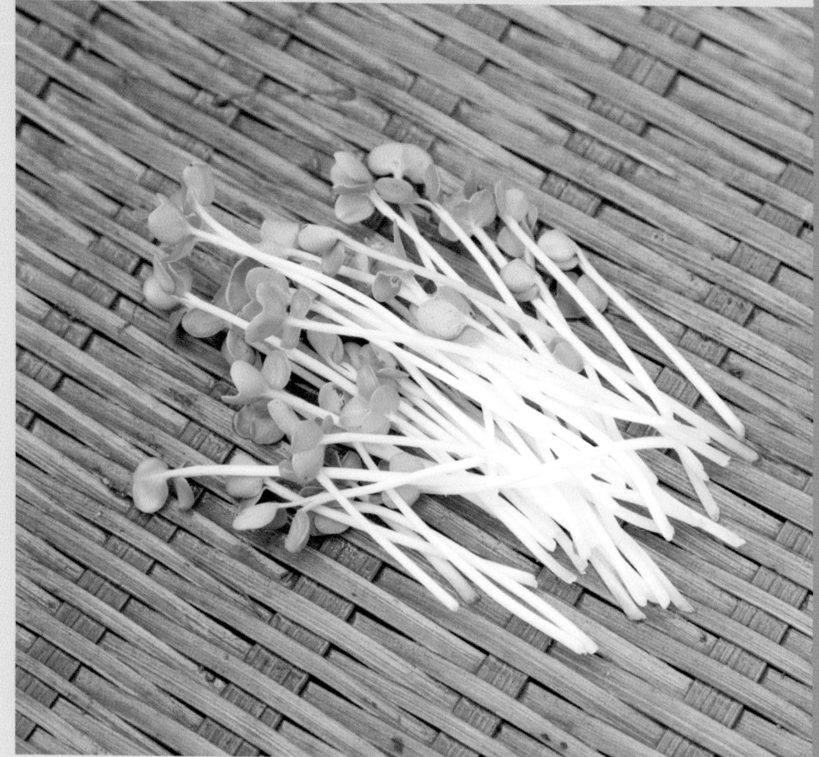

1 タネまきの準備　0日目

タネまき前に1晩水につけて、発芽を促す。

2 タネまき　1日目

上の容器にタネを入れ、タネがひたるくらい下の容器に水を入れる。1～2日ほどでタネが割れて芽が見えてくる。水は収穫まで毎日替える。

3 管理　2～6日目

アルミホイルなどで覆って光をあてないようにする。アルミホイルが持ち上がってきたら取り、光をあてて葉を緑色にする。

4 収穫　7～10日目

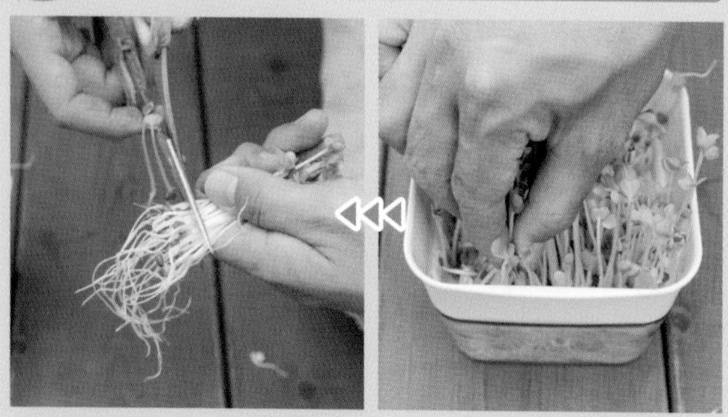

タネまきから7～10日後、10cm前後になったものから引き抜いて収穫し、根を切る。

用語集

あ

秋まき あきまき
植物のタネを秋にまくこと。またそのような植物のこと。秋にタネをまくと暖かいうちに発芽して、成長してから寒い季節になるので、高温に弱い野菜などは育てやすいといえるが、早まきでも遅まきでも気温の影響が大きいので、春まきに比べてタネまきに適した時期が短い。

あんどん仕立て あんどんじたて
支柱を3～4本立て、支柱の外側につるを誘引していく仕立て方。

育苗 いくびょう
直接タネをまくのではなく、育苗ポットやセルトレイなどにタネをまき、植えつけるのに適した大きさの株になるまで育てること。苗の時期に気温や風雨など自然の影響を受けにくくなり、丈夫な苗が育つなど、メリットがある。

移植 いしょく
育苗ポットやセルトレイなどにタネをまいて育てた苗を、栽培場所に植えつけること。

一代交配種 いちだいこうはいしゅ
色や形、性質、特徴などの異なった、それぞれに長所を持つふたつの品種を親として交配し、つくり出された子（雑種一代目の品種）のこと。F_1種ともいう。

一番花・一番果 いちばんか
ひとつの株のなかで、最初に咲く花を一番花、最初に実った果実を一番果という。

ウイルス病 ういるすびょう
ウイルスが感染することで発症する病害をいう。ウイルスによる植物の病害は種類が多く、またその症状もさまざま。アブラムシやアザミウマ類（スリップス）などの害虫が媒介するといわれ、また、芽かきなどに利用したハサミなどを通じて伝染することもある。

液肥 えきひ
液体肥料のこと。原液を薄めて使うもの、薄めずに使うもの、粉末状の肥料を水に溶かして使用するものがある。水やりと同じように与えることができ、速効性がある。

晩生 おくて
野菜や果物など作物で、成熟までの期間が長く、遅く成熟する品種をいう。

雄しべ おしべ
種子植物（花を咲かせて種子でふえる植物）の生殖器官で、花粉を持つ部分。花粉を含んだ葯（やく）と、その葯を支える花糸（かし）からなる。

遅霜 おそじも
晩春から初夏にかけて降りる霜。寒さに弱い野菜は霜にあたると傷むため、室内や軒下に移動させて対処する。

親づる おやづる
つるを伸ばして成長する野菜において、発芽して伸びた芽のつる。親づるの葉のつけ根から出るわき芽が伸びて子づるになる。子づるの葉のつけ根から出たものが孫づるとなる。

か

花芽 かが（はなめ）
成長して花になる芽。

化学肥料 かがくひりょう
さまざまな物質を原料として、化学的な工業操作によって合成された無機質肥料をいう。化学肥料で、肥料の三要素のうちのひとつしか含まないものを単肥（たんぴ）、2種類以上含むようにしたものを複合肥料という。

花茎・果茎 かけい
先端に花がつき、その下の葉がついていない茎の部分。

化成肥料 かせいひりょう
複数の単肥を化学反応させ、肥料の三要素のうち2種類以上、かつ15%以上の量を含むようにしたものをいう。化成肥料の肥料成分は、〈窒素－リン酸－カリ〉をその成分ごと含まれる割合で示し、たとえば〈8－8－8〉とあれば、窒素、リン酸、カリがそれぞれ8%含まれることを表す。

株間 かぶま
株と株の間、または間隔のこと。

株元 かぶもと
土に植えられた作物の、地面と接している部分。

花柄・果柄 かへい
花を支えている柄の部分。花（果）梗（かこう）ともいう。

花蕾 からい
つぼみのこと。ブロッコリーやカリフラワーは花蕾を収穫する。

カロテン
植物や動物に広く存在する黄赤色の色素で、野菜では、ニンジンやトウガラシ、カボチャ、トマト、サツマイモなどに多く含まれる。動物では生合成できない。植物によって生合成され、動物に摂取されたあとビタミンAとなる。

緩効性肥料 かんこうせいひりょう
ゆっくりと効果が現れる肥料。

休眠　きゅうみん
植物には、開花や結実、球根の形成などを終えると、生育を停止、あるいは停止に近い状態になり、ある時期が来ると再び生育を開始するものがある。この一時的な生育の停止、あるいは弱まりを休眠という。

クラウン
イチゴの葉柄のつけ根の、地上部の短い茎にあたるふくらんだ部分。イチゴの植えつけでは、このクラウンが地上に出るように植えつけることが大切。

結球　けっきゅう
キャベツやレタスなどの葉が重なり合って、球状になること、またそうなったもの。ハクサイ、芽キャベツなども結球野菜。サラダナのようにわずかに葉が内側に巻いたものを半結球という。

嫌光性種子　けんこうせいしゅし
光があたると発芽しにくい性質のタネ。タネまきの際にまき穴を深くし、しっかりと土をかぶせる。

好光性種子　こうこうせいしゅし
光があたらないと発芽しにくい性質のタネ。まき穴を浅くし、ごく薄く土をかぶせる。

子づる　こづる
親づるの葉に出たわき芽が伸びて、つるになったもの。

コンテナ
鉢、プランターなどを含む容器の総称。

さ

直まき　じかまき
ポットやセルトレイにタネをまいて育苗せずに、栽培する場所に直接タネをまく栽培方法。

地ぎわ　じぎわ
茎の地面に近い部分。

下葉　したば
茎や枝のつけ根や根元近くの葉。植物は株の下から上に向かって葉を展開していくため、下の葉ほど早く傷み、葉の役割を失い、病害の元になったりもする。そのため傷んで不必要になった下葉は取り去るほうがよい。その作業を下葉かきという。

支柱　しちゅう
高く成長する野菜やつる性の野菜が、風で倒れないように立てる支え。

子葉　しよう
タネが発芽し、最初に展開する葉。ふつう、その後出る本葉とは異なる形をしている。

ス入り　すいり
ダイコン、ニンジンなど、根菜類などの根の内部に、空洞ができること。

成長点　せいちょうてん
茎や根の先端にあって、盛んに細胞分裂をしている部分。

生理障害　せいりしょうがい
土壌の環境、光や温度などさまざまな環境要因によって。本来の正常な生育が行えず発生する障害のこと。

節　せつ
茎の葉がつく部分をいう。

節間　せつかん
上下を節によって区切られた茎の部分をいう。

外葉　そとば
作物の一番外側にある葉。また、キャベツやレタスなど結球野菜の、結球部分の外側に広がる葉をいう。

た

耐寒性　たいかんせい
作物の寒さに耐える能力。作物によって耐寒性は異なる。

堆肥　たいひ
稲わらや落ち葉、家畜の糞尿などの有機質資材を堆積し、好気的発酵させて、施しても作物に障害を与えなくなるまでよく腐熟させたもの。土壌改良や地力の維持などを目的に利用される。

鳥害　ちょうがい
作物に対する鳥による被害。まいたばかりのタネを食べられたり、実った果実や葉を食べられたりする。

追肥　ついひ
作物を栽培中、成長のための吸収によって消費された土壌中の肥料分を補う目的で施される肥料。

摘心　てきしん
実や花をより肥大させるため、茎葉の数を増やすなどのため、伸びた茎や枝の先を摘むこと。

とう立ち　とうだち
〈とう〉とは花軸や花茎のことで、この部分が伸び出てくることをとう立ちという。植物には枝葉を大きく茂らせる栄養成長と、花を咲かせ種子を実らせる生殖成長がある。トマトやナスなど果菜類は栄養成長と生殖成長が同時進行するが、ハクサイ、コマツナなど多くの葉菜類や根菜類は生殖成長がはじまると栄養成長が止まり、葉茎の食味が悪くなったり、根の発育が悪くなったりする。

土壌　どじょう
野菜が育ちやすいように人の手が加わって改良された土。

徒長　とちょう
茎が細く、節間が伸びてヒョロヒョロと間伸びした状態になること。日照不足や、肥料や水分の過多などで生じる。

な

夏まき　なつまき
7～8月にタネをまいて野菜を育てる方法。キャベツやハクサイ、ブロッコリー、カリフラワーなどアブラナ科の作物は、春のはじめにタネをまいて育てる春まきと、この夏まき（夏秋まき）が基本。春から夏にかけては害虫の被害が多く防虫対策が必須となるが、気温が徐々に下がっていく季節に育てる夏まきでは、害虫の被害を少なくすることができる。

夏秋まき　なつあきまき
夏まきと秋まき両方の季節にタネをまいて野菜を育てる方法。

根腐れ　ねぐされ
生育場所の環境が合わなかったり、濃度の高い肥料の与えすぎ、過湿、病害などによって、植物の根が傷み、腐ること。

根鉢　ねばち
植物を、鉢や育苗ポットなどから抜いたときに、株の下で、根と土が塊のように集まった部分をいう。

は

胚軸　はいじく
発芽した苗の茎の部分。子葉の下、根の上の部分。

培養土　ばいようど
植物を育てるために用いる土で、植物が成長するために適した土になるように、あらかじめ基本用土と改良用土が混合されている。

ハスロ　はすくち
ジョウロの注ぎ口の先端についた、水が出る小さな穴がたくさん開けられている部品。

ばらまき
タネを土の全面に均一にまくタネまきの方法。コンテナ栽培では、とくに間引きなど不要な葉もの野菜で利用することがある。

春まき　はるまき
春早くにタネをまいて、一般的には春から夏に育て、秋前に収穫を終える栽培方法。

品種　ひんしゅ
生物分類学上のひとつの階級。種より下の階層で、基本的には同じ種だが、形質のいくつかに違いがあるものを品種として区分する。

プランター
コンテナのうち、特定の植物を育てる容器のことを指す。

ポットまき
育苗する目的で、ポリポットにタネをまくこと。

ポリポット
育苗に用いる、塩化ビニール製のやわらかな植木鉢（ポット）のこと。育てる植物に合わせて、いくつかの大きさがある。

本葉　ほんば・ほんよう
子葉の展開以降に出てくる、その植物本来の葉。

ま

孫づる　まごづる
つるを伸ばして成長する野菜において、親づるの葉から子づるが伸び、その子づるから伸びたつるを孫づるという。

間引き　まびき
作物が成長後、作物ごとの適切な株の間隔になるように、生育の過程に合わせて随時不要な株を抜いて取り除くこと。

水切れ　みずぎれ
長期間降雨がなかったり、水やりをしなかったことで土が乾燥し、根が水分を吸収できず枯れるほどになってしまった状態。

雌しべ　めしべ
種子植物の花の中心、最も花の先の部分に生じる器官で、雌性の生殖器官。葉が変形したもので、先端から、柱頭（ちゅうとう）、花柱（かちゅう）、子房（しぼう）の3つの部分からできている。

や・ら・わ

誘引　ゆういん
つるや茎などを支柱やひもに結び、つるや茎の成長の方向や広がりを調節すること。

葉柄　ようへい
葉を茎につける柄の部分。

葉脈　ようみゃく
葉に水分や養分を通す維管束が枝分かれしたもの。

ランナー
親株から出た茎が、地上をはうように伸び、その先端の節から芽や根を出し、子株となるもの。走出枝ともいう。イチゴはランナーを伸ばし増殖する。

露地栽培　ろじさいばい
屋外の畑で作物を育てること。

わき芽　わきめ
葉のつけ根の上側など、茎の先端以外の場所に発生する芽。

STAFF
写真撮影：田中つとむ
撮影協力：千葉大学環境健康フィールド科学センター、渡辺均
デザイン：田中真琴（タナカデザイン）
DTP：松原卓（ドットテトラ）
イラスト：坂川由美香
執筆協力：新井大介、齊藤綾子
編集制作：新井大介

協力：益子町のみなさん

※本書に掲載している品種類は2019年のものです。
各メーカーへの栽培に関する質問はご遠慮ください。

著者
北条雅章（ほうじょう・まさあき）
1976年千葉大学園芸学部卒。千葉大学環境健康フィールド科学センター元准教授。蔬菜園芸が専門。2020年7月逝去。
著書に『はじめての野菜づくり図鑑110種』（新星出版社）、監修書に『野菜の上手な育て方大事典』（成美堂出版）、『NHK趣味の園芸ビギナーズ 育てておいしいヘルシー植物』（NHK出版）、『タネのとり方もわかる！おいしい野菜づくり』（池田書店）などがある。

はじめてのコンテナ野菜づくり図鑑 90種
2021年5月5日　初版発行
2022年7月15日　第3刷発行

著者　北条雅章
発行者　富永靖弘
印刷所　株式会社新藤慶昌堂

発行所　東京都台東区台東2丁目24　株式会社 新星出版社
〒110-0016　☎03(3831)0743

ISBN978-4-405-08568-8